绿色可生物降解纤维素基复合材料

许爱荣　刘汝宽　著

中国水利水电出版社

www.waterpub.com.cn

·北京·

内 容 提 要

随着人类的不断开采,化石能源的枯竭是不可避免的。而且,化石能源及其衍生品的使用也导致了生态环境的恶化,危害人类身体健康。因此,用可再生能源取代化石能源、用绿色环保型产品取代以塑料、化学合成纤维为代表的化石能源衍生品已成为未来的发展趋势。

本书对绿色可生物降解纤维素基复合材料进行了研究,均是当前绿色环保型复合材料领域研究非常热门的课题,内容丰富,结构严谨,可为广大工作者和生产经营管理者环保型纤维素/聚酯复合材料的制备提供参考。

图书在版编目(CIP)数据

绿色可生物降解纤维素基复合材料/许爱荣,刘汝宽著. —北京:中国水利水电出版社,2019.3
ISBN 978-7-5170-7551-6

Ⅰ.①绿… Ⅱ.①许… ②刘… Ⅲ.①生物降解—纤维素—复合材料 Ⅳ.①TB39

中国版本图书馆 CIP 数据核字(2019)第 056780 号

书　　名	绿色可生物降解纤维素基复合材料 LÜSE KE SHENGWU JIANGJIE XIANWEISUJI FUHE CAILIAO
作　　者	许爱荣　刘汝宽　著
出版发行	中国水利水电出版社
	(北京市海淀区玉渊潭南路 1 号 D 座 100038)
	网址:www.waterpub.com.cn
	E-mail:sales@waterpub.com.cn
	电话:(010)68367658(营销中心)
经　　售	北京科水图书销售中心(零售)
	电话:(010)88383994、63202643、68545874
	全国各地新华书店和相关出版物销售网点
排　　版	北京亚吉飞数码科技有限公司
印　　刷	三河市华晨印务有限公司
规　　格	170mm×240mm　16 开本　13 印张　233 千字
版　　次	2019 年 5 月第 1 版　2019 年 5 月第 1 次印刷
印　　数	0001—2000 册
定　　价	62.00 元

前　言

在人类社会发展进程中,化石能源创造了辉煌灿烂的文明。但随着人类的不断开采,化石能源的枯竭是不可避免的。而且,化石能源及其衍生品的使用也导致了生态环境的恶化,危害人类身体健康。因此,用可再生能源取代化石能源、用绿色环保型产品取代以塑料、化学合成纤维为代表的化石能源衍生品已成为未来的发展趋势。迄今为止,在塑料、纤维、医用材料等领域,有望取代化石能源及其衍生品的绿色环保型高分子原料主要是纤维素和聚酯。但是,纯纤维素产品和纯聚酯产品常常存在一些缺陷。因此,将纤维素与聚酯进行复合改性,使其优势互补,制备生态友好型生物可降解纤维素/聚酯复合材料的研究备受重视。

本书第1章至第12章由许爱荣著,第11章和第12章由刘汝宽著,书中内容是作者根据多年从事纤维素/聚酯复合材料的制备及性能研究的积累撰写而成。同时,因木质纤维素生物质也属于绿色环保型原料,因此玉米芯、小麦秸秆、柳木及纤维素材料也作为此书的内容。全书共12章,第1章主要介绍绿色可降解纤维素/聚酯复合材料的研究进展,第2章主要介绍纤维素/聚乳酸复合膜的制备与表征,第3章至第7章主要介绍甲基纤维素/聚甲基丙烯酸甲酯(聚(D,L-乳酸-co-乙醇酸)、聚丁二酸丁二醇酯、聚对苯二甲酸乙二醇酯)复合膜的制备与表征,第8、10章主要介绍玉米芯生物质气凝胶的制备与表征及其对次甲基蓝的吸附性能研究,第9、11、12章主要介绍柳木、小麦秸秆及纤维素气凝胶的制备与表征。

本书涉及内容均是当前绿色环保型复合材料领域研究非常热门的课题,内容丰富,结构严谨,作者长期在科研一线展开工作,实践经验丰富。本书的出版将为广大工作者和生产经营管理者环保型纤维素/聚酯复合材料的制备提供参考。

作　者
2018 年 10 月

目　　录

第1章 绿色可降解纤维素/聚酯复合材料研究现状

在人类社会发展进程中,化石能源创造了辉煌灿烂的现代文明,但在导致地球环境恶化,使人类面临生存危机方面,化石能源及其衍生品又是罪魁祸首。2015年习近平总书记提出本世纪末用非化石能源取代化石能源的目标。实现这一目标主要有两条重要途径:一是用可再生能源取代化石能源;二是用绿色环保型产品取代以塑料、化学合成纤维为代表的化石能源衍生品。因此,降低对化石能源及衍生品的依赖,开发利用可再生能源和绿色环保型产品,是我国推进形成绿色发展方式和生活方式,满足人民日益增长的优美生态环境需要的必然趋势。

木质纤维素生物质和纤维素是自然界储量最丰富的天然高分子原料,由于其具有可生物再生、生物降解、价格低廉、绿色环保等诸多优点,因此被视为化石能源潜在的替代品。

基于纤维素的材料种类很多,张金明等对含有纤维素的功能材料进行了综述,包括纤维素基纤维材料、膜材料、光电材料、杂化材料、智能材料、生物医用材料等[1]。本章仅对纯纤维素材料、含纤维素的复合材料和木质纤维素生物质材料进行综述,这些材料具有可生物降解、可生物降解或绿色环保的特征。

1.1 纤维素及可生物降解聚酯的结构及性能研究

1.1.1 纤维素的结构及性能

随着化石资源的日益枯竭,人类越来越注重可再生资源的开发和利用。纤维素是地球上储量最丰富的可再生资源之一,具备易得、廉价、可降解以及良好的生物相容性等一系列优良特性[1-2]。因此,有关纤维素的开发利用一直是广大科研工作者努力的方向之一。纤维素包括微晶纤维素、甲基纤维素、羟基纤维素、羧基纤维素、细菌纤维素等[3,4],在此仅对常用的微晶纤维素和甲基纤维素的结构及性能进行简述。

微晶纤维素(Microcrystalline Cellulose,MCC)主要是以β-1,4-葡萄糖苷键结合的直链式高分子,属于多糖类物质[4-5],具有白色、无臭、无味等物理性状,不溶于水、稀酸、有机溶剂和油脂等[4-8]。由于具有较低聚合度和较大的比表面积等特殊性质,微晶纤维素被广泛应用于医药、食品、化妆品以及轻化工行业[4-11]。微晶纤维素的分子结构示意图如图1-1所示。

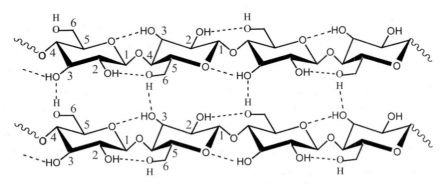

图1-1　微晶纤维素分子的结构示意图

甲基纤维素(Methye Cellulose,MC)是纤维素的一种,甲基纤维素中约有三分之一的羟基被甲氧基取代,甲氧基连接于高分子链上的每一个葡萄糖酐单元[12-14]。甲基纤维素的分子结构示意图如图1-2所示。甲基纤维素属于非离子型纤维素醚,无臭、无味,可以直接溶解于水中,具有较好的溶解性[12-16]。此外,甲基纤维素成膜性、生物相容性和生物可降解性均较好,但是,在无水乙醇、氯仿和乙醚中均不溶[12-16]。

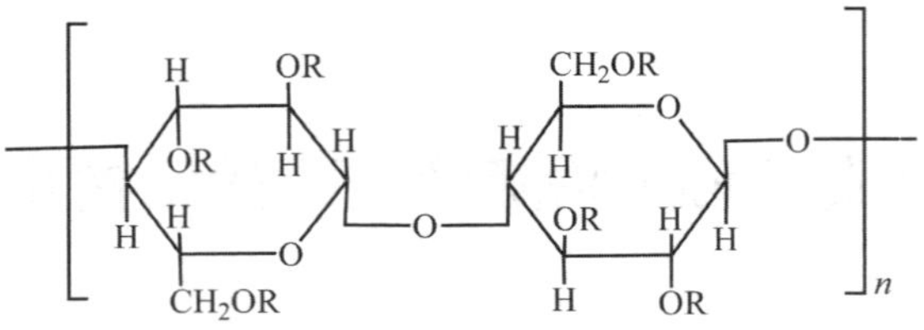

图1-2　甲基纤维素分子的结构示意图(n 为聚合度,R 为-H 或-CH₃)

此外,有关羟基纤维素、羧基纤维素、细菌纤维素等纤维素的结构及性能的资料和文献很容易查到,在此不再赘述。

1.1.2　可生物降解聚酯的结构及性能

可生物降解聚酯种类很多,在此仅简述和本书有关的几种聚酯,主要包

括聚乳酸(Polylactic Acid,PLA)、聚甲基丙烯酸甲酯(Polymethyl Methac-
rylate,PMMA)、聚(D,L-乳酸-co-乙醇酸)(Polyclatic-co-glycolic Acid,PL-
GA)和聚丁二酸丁二醇酯(Poly Butylene Succinate,PBS)。

　　聚乳酸是乳酸分子中的羟基和羧基经过脱水缩合形成的聚合物,属于聚酯家族的一员[22,23]。聚乳酸的分子结构示意图如图1-3所示。生产聚乳酸的原料在地球上的储量巨大,而且可以再生。聚乳酸的生产过程绿色环保、无污染,而且可以生物降解[22-24],因此是理想的绿色高分子材料。聚乳酸的生物相容性、生物可降解性、透明性、光泽度、手感、耐热性以及抗冲击性能均较好,还具有一定的阻燃性、抗菌性和抗紫外性,因此作为理想的绿色高分子材料用途相当广泛[24-27]。目前,聚乳酸作为应用最为广泛的高聚酯,在医药、化工、建筑、包装以及食品等诸多领域都有所应用。

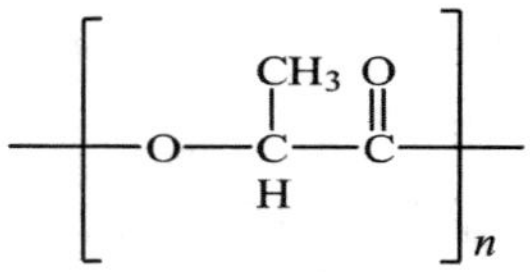

图 1-3　聚乳酸的分子结构示意图

　　但是,聚乳酸也有一些致命的弱点,如耐老化性不好,亲水性较差,很难与其他材料实现分子层面的均相复合。另外,聚乳酸材料的脆性大,强度往往不能满足要求,价格高昂、降解速度慢等[28-31]。这些缺陷也极大地限制了聚乳酸材料的应用范围。

　　聚甲基丙烯酸甲酯是以丙烯酸及其酯类物质为原料通过聚合反应所制得的聚合物,属于丙烯酸类树脂的一种[32-34]。聚甲基丙烯酸甲酯分子的结构示意图如图1-4所示。1948年世界上第一个聚甲基丙烯酸甲酯浴缸的诞生标志着聚甲基丙烯酸甲酯的应用开始全面普及,为聚甲基丙烯酸甲酯的开发应用树立了一块全新的里程碑[34-35]。现如今,我国现代化建设的步伐越来越快,许多街头标志、站牌灯箱以及夜间照明路灯和电话亭等公共设施开始大量涌现,在这其中大部分耗材均是聚甲基丙烯酸甲酯树脂[39-41]。

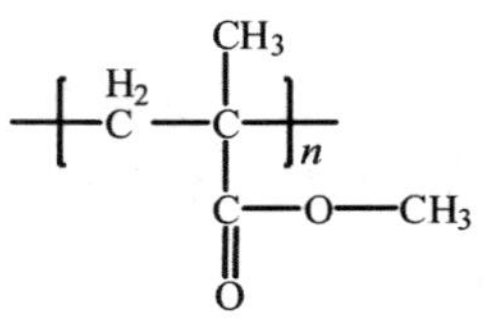

图 1-4　聚甲基丙烯酸甲酯分子的结构示意图

　　聚(D,L-乳酸-co-乙醇酸)是一种无定形有机高分子化合物,玻璃转化温度介于40~60℃,具有良好的生物相容性、溶解性、可降解性和成膜性等优良特性[42-43]。而且,聚(D,L-乳酸-co-乙醇酸)无毒副作用,在制药、医用工程材料等领域被广泛应用[42-44]。但由于其力学性能强度不够、亲水性差、取向性不好等缺点,在生产和使用过程中容易断裂、滑动[45],这在很大程度上限制了聚(D,L-乳酸-co-乙醇酸)的应用。聚(D,L-乳酸-co-乙醇酸)的分子结构示意图如图1-5所示。

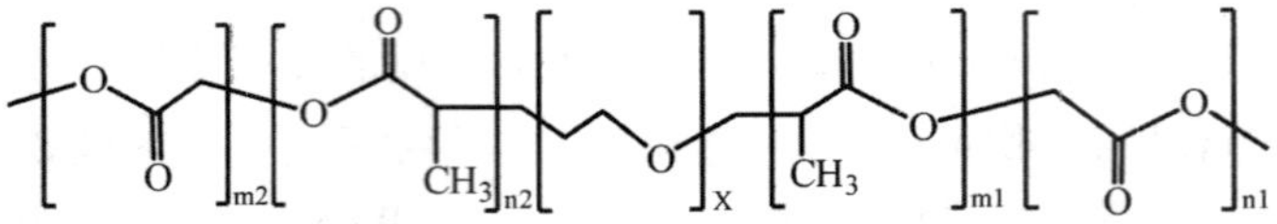

图 1-5　聚(D,L-乳酸-co-乙醇酸)的分子结构示意图

聚丁二酸丁二醇酯是由丁二酸和丁二醇通过缩聚反应制得的一种生物可降解热塑性结晶聚合物,一般为乳白色或者淡黄色固体,密度大约为1.26 g/cm³,熔点在114~118℃,加工温度范围宽[46-48]。聚丁二酸丁二醇酯的分子结构示意图如图1-6所示。制备聚丁二酸丁二醇酯所用的原料可以通过多种途径获得。聚丁二酸丁二醇酯性能优良,近些年受到了广泛关注,表现出巨大的发展应用潜力。但是聚丁二酸丁二醇酯缺点也很明显,其较低的强度和硬度大大制约了聚丁二酸丁二醇酯在工程领域中的应用[48-51]。为解决此问题将聚丁二酸丁二醇酯与其他材料复合改性用以制备新型复合材料,是目前研究较多的方法之一。

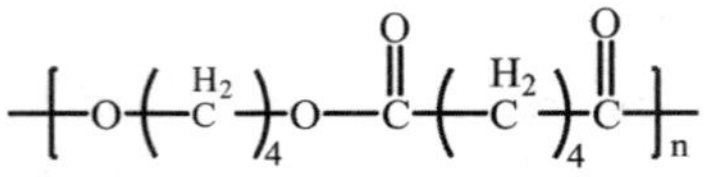

图 1-6　聚丁二酸丁二醇酯的分子结构示意图

1.2　纤维素/可生物降解聚酯复合材料

纤维素是自然界分布最广、储量最丰富的天然可再生生物质资源,具有价廉、生物可降解性和生物相容性好等优点[52-55]。在当今这个化石资源日益枯竭的社会,纤维素被视为未来化工和新材料开发的重要原料,纤维素的开发与高值化利用具有重大的战略意义[56-58]。目前,纤维素在新材料制备领域占有一席之地[58,59]。通过一系列手段将纤维素与其他填料复合得到纤维素基复合材料,使之具有一些单一材料所不具备的新特性。这样大大拓宽了纤维素的应用范围。纤维素基复合材料的深度开发和普及对可再生资源的产业化利用以及环境保护和促进经济可持续发展等方面均有重要的

战略意义,各国科学家也在为此而不断探索[59,60]。

1.2.1　纤维素/聚乳酸复合材料

现有研究的纤维素/聚乳酸复合材料主要有四类:第一类是天然植物纤维素/聚乳酸复合材料[61-66];第二类是细菌纤维素/聚乳酸复合材料[67,68];第三类是纳米纤维素/聚乳酸复合材料[69-75];第四类是纤维素衍生物/聚乳酸复合材料[76-78]。

在第一类天然植物纤维素/聚乳酸复合材料研究方面,常用的纤维素有亚麻、洋麻、黄麻、竹纤维等。Oksman 等[61]通过挤出和模压方法,制得短亚麻纤维素/聚乳酸复合材料。但亚麻纤维并没有提高复合材料的拉伸强度,主要是因为两者的界面粘结性比较差。Budtova 等[62]制备一种高孔隙度、低密度的亚麻/聚乳酸复合材料,其中亚麻是主体,约占总质量的 70%,聚乳酸起到了粘结剂的作用。具体做法为类似于气凝胶的亚麻纤维三维网状结构浸渍于聚乳酸的二氯甲烷溶液中,挥发溶剂后即制得该复合材料。该技术通过改变聚乳酸和亚麻纤维的比例,可调控复合材料的亲疏水性,所制得材料的抗压能力较纯亚麻纤维基材有显著提升,故在生物支架领域有着潜在的应用前景。Nishino 等[63]对洋麻/左旋聚乳酸复合材料进行研究,洋麻纤维在复合材料体积含量为 70% 时,初始模量为 6.3 GPa,拉伸强度为 62 MPa,与传统复合材料的性能相当。Plackett 等[64]采用模压成型的方法制得了黄麻/聚乳酸复合材料,对复合材料的机械性能和热降解性能进行研究。对复合材料进行断口分析发现,材料拉伸断裂呈脆性,纤维和基体之间的空隙越少,界面粘结得越好,复合材料的强度越高。Lee 等[65]以赖氨酸基二异氰酸酯作为偶联剂,制得竹纤维增强聚乳酸复合材料,研究复合材料的力学性能、酶降解性能等。随着竹纤维含量的增加,复合材料的断裂伸长率降低,这主要与材料的不连续性提高有关。在酶降解条件下,加入偶联剂后的复合材料的降解性下降。Sukmawan 等[66]同样采用竹纤维增强聚乳酸,用蒸汽爆破法去除纤维束间的部分木质素,保留竹纤维表面的木质素,增加了竹纤维与聚乳酸的相容性,通过层压技术制备的竹纤维素/聚乳酸复合材料,能与玻纤增强聚乳酸相媲美,强度是低碳钢的 3 倍,断裂形貌与玻纤或碳纤维层压板类似。

在第二类细菌纤维素/聚乳酸复合材料的研究方面,细菌纤维素的化学组成和分子结构与天然植物纤维素相同,但没有类似于植物纤维素伴生的木质素、半纤维素和果胶等,结晶度高,具有超细的网状纤维结构[67]。Lud-dee 等[68]研究了不同尺寸(<90 μm,106~125 μm,150~180 μm,180~250 μm)的细菌纤维素对聚乳酸的增强效果,发现细菌纤维素的加入反而造成材料拉伸强度和模量的降低。复合材料的性能与填料的尺寸和分散性相关,减小填料的尺寸、提高填料分散性是制备高性能复合材料的关键因素。

在第三类纳米纤维素/聚乳酸复合材料的研究方面,Oksman 等[69]用 LiCl/N, N-二甲基乙酰胺(LiCl/DMAc)溶液溶胀微晶纤维素,并分离出纤维素纳米晶,然后,将纳米纤维素悬浮液注入聚乳酸熔体中混合挤出,由此得到纳米纤维素/聚乳酸复合材料,其延展性比单一聚乳酸增加了 8 倍,重要的是,由于 LiCl/DMAc 的存在,使复合材料发生了降解。Petersson 等[70]先将纳米纤维素经表面活性剂处理,按质量百分含量为 5% 的比例添加至聚乳酸中,并采用溶液浇铸法制得纳米纤维素/聚乳酸复合材料,结果表明,纳米纤维素能很好地分散于聚乳酸中,同时复合材料的热稳定性和储能模量均得到很大的改善。Jonoobi 等[71]采用两步法制备了纳米纤丝纤维素/聚乳酸复合材料。先制备高纤维素含量的聚乳酸母料,再将母料与聚乳酸通过双螺杆共混。虽然通过这种方法制备的复合材料力学性能和耐热性能都提高了,但分散性的问题没有解决。当纤维素的质量百分含量为 5% 的时候,复合材料上还能发现清晰的小白点,说明纤维素发生了团聚。Yano 等[72-74]研究了用不同方法制备纳米纤丝纤维素/聚乳酸复合材料。具体方法为:先将纳米纤丝纤维素和聚乳酸在有机溶剂中预混,然后干燥、密炼和热压工艺后得到复合材料。当纳米纤丝纤维素的质量分数为 10% 时,复合材料的模量和强力与纯聚乳酸相比,分别提高了 40% 和 25%。这种操作方法只适用于实验室,因为它操作过程复杂,比如溶剂置换、预混以及密炼等。Yano 等同时采用类似于造纸术的方法,获得纤维素微纤和聚乳酸纤维混合均匀的复合体,之后再通过热压成型,拉伸强力和模量都有提高。乳液共混法是制备纳米复合材料简便、高效的方法,可被推广到其他聚合物或纳米填料体系。Wang 等[75]采用溶剂挥发法制备了在水中分散的聚乳酸微球,然后再与纳米纤丝纤维素进行高压均质,将水去除并烘干热压后制得材料,其弯曲强力和模量有很大提高。然而,这种方法制备的复合材料,聚乳酸与纤维素没有进行复合。Qian 等[76]的研究表明,采用硅烷偶联剂对纳米晶须纤维素进行处理,能增加纳米晶须纤维素与聚乳酸的相容性,从而改善复合材料的性能。

在第四类纤维素衍生物/聚乳酸复合材料的研究方面,Teramoto 等[77,78]用纤维素二醋酸酯上的剩余羟基作引发剂,通过不同方法合成纤维素共聚物/聚乳酸。产物的断裂伸长率最大可达 2000%,但拉伸强度、杨氏模量均下降。Ogata 等[79]在 $CHCl_3$ 中利用溶液共混法制备了醋酸纤维素/聚乳酸共混膜,不加增容剂时产生较大的相分离;加入四异丙基钛酸盐可得均一产物,但同时增大了体系的黏度和产物的水解速度,降低了产物的热分解温度,并使得聚乳酸微晶变小。

1.2.2　纤维素/聚丁二酸丁二醇酯复合材料

纤维素/聚丁二酸丁二醇酯复合材料主要有纳米纤维素/聚丁二酸丁二醇酯复合材料、微纤化纤维素/聚丁二酸丁二醇酯复合材料、纤维素衍生物/聚丁二酸丁二醇酯复合材料、微晶纤维素/聚丁二酸丁二醇酯复合材料。Huang 等[80]将纤维素纳米晶须和聚丁二酸丁二醇酯分散在氯仿和甲醇的混合溶剂中,采用静电纺丝技术制备了纳米纤维素/聚丁二酸丁二醇酯复合材料,复合材料中纳米纤维素的含量为(0.5～5) wt. ％。研究结果表明,在复合材料中加入纳米纤维素能提高复合材料的热稳定性、拉伸强度、杨氏模量、复合材料的亲水性以及孔隙度。而且,这种复合材料比纯聚丁二酸丁二醇酯具有更好的生物可降解性和生物相容性。在搅拌条件下,Li 等[81]先将纳米纤维素/水悬浮液滴加到聚丁二酸丁二醇酯/N,N-二甲基甲酰胺溶液中,然后再加入过量的水使两者共沉淀,经过滤、真空干燥、热压后得到纳米纤维素/聚丁二酸丁二醇酯复合材料,复合材料中纳米纤维素的含量为(0.1～1) wt. ％。研究结果表明,随纳米纤维素含量的增加,复合材料的拉伸强度和杨氏模量也增加,但是断裂伸长率降低。为了增加纳米纤维素和聚丁二酸丁二醇酯的互溶性,Zhang 等[82]将邻苯二甲酸酐加入纳米纤维素和聚丁二酸丁二醇酯中,再经过熔融混合挤压成型得到纳米纤维素/聚丁二酸丁二醇酯复合材料。研究结果表明,在熔融混合过程中,邻苯二甲酸酐与纳米纤维素进行了化学反应。而且邻苯二甲酸酐的加入显著增加了复合材料的拉伸强度。但是,若邻苯二甲酸酐/纳米纤维素/聚丁二酸丁二醇酯混合物不经过熔融混合处理,复合材料的机械性能反而降低。

为了提高微纤化纤维素和聚丁二酸丁二醇酯的互溶性,Zhou 等[83]用乙酰氯对微纤化纤维素进行修饰,然后再与聚丁二酸丁二醇酯复合。研究结果表明,乙酰氯对微纤化纤维素修饰后,微纤化纤维素与聚丁二酸丁二醇酯的界面相互作用增加,拉伸强度也增加。

Čihal 等[84]把三乙酸纤维素和聚丁二酸丁二醇酯溶于氯仿,再将此溶液导入玻璃培养皿,溶剂蒸发后得到三乙酸纤维素/聚丁二酸丁二醇酯膜,复合膜中聚丁二酸丁二醇酯的含量为(0～30) wt. ％。与三乙酸纤维素膜相比,复合膜具有更好的耐热性及气体阻隔性能。Shi 等[85]将三乙酸纤维素和聚丁二酸丁二醇酯溶于氯仿,然后制备 0.5 mm 复合膜,再经热压、冷压、干燥得到三乙酸纤维素/聚丁二酸丁二醇酯膜,复合膜中三乙酸纤维素的含量为(1～30) wt.％。研究结果表明，随三乙酸纤维素含量的增加，复合材料的杨氏模量也增加，但是拉伸强度和断裂伸长率降低。Tachibana 等[86]采用熔融揉合制备了乙酸丁酸纤维素/聚丁二酸丁二醇酯膜，含有 10 wt.％的乙酸丁酸纤维素的复合膜的拉伸强度和断裂伸长率分别为547％ 和 35 MPa，60 d 内不能生物降解，可以通过含量的调节改变复合膜的生物降解性能。

Phasawat[87]等将微晶纤维素（MCC）与 PBS 熔融共混，成型制备得到 MCC/PBS 复合材料。研究表明，加入 MCC 后，MCC/PBS 复合材料的杨氏模量比纯 PBS 材料有所提升，但 MCC/PBS 复合材料的拉伸强度和断裂伸长率却降低。另外，MCC 的加入对 PBS 的热性能几乎无影响。

根据文献调研，我们发现，有关纤维素/聚甲基丙烯酸甲酯复合材料、纤维素/聚（D,L-乳酸-co-乙醇酸）复合材料的研究，至今未见报道。

1.3 离子液体及离子液体在纤维素材料制备中的应用研究

1.3.1 离子液体的定义、特性及种类

离子液体，又称室温离子液体（Room Temperature Ionic Liquid，RTIL），是指在 100℃ 以下呈液态、由有机阳离子和有机或无机阴离子组成的有机盐[88]。离子液体中只存在阴、阳离子，不存在中性分子。

与易挥发有机溶剂相比，离子液体表现出了许多独特的性能[89-92]：溶解对象范围广，对很多化学物质包括有机物、无机物等具有良好的溶解性能；几乎不挥发，可在高真空系统中使用，减少因挥发而产生的环境污染问题；较高的热稳定性、较宽的液态温度范围；化学稳定性较高、几乎不氧化、不燃烧、对水和空气稳定；较高的离子导电性和较宽的电化学稳定电位窗口；易回收、可循环使用；具有可设计性，可通过选择适当的阴离子或调变阳离子，调控离子液体的物理性质和化学性质。鉴于离子液体具有上述诸多特性，因此，许多学者把离子液体、超临界二氧化碳、双水相称为 21 世纪的三大绿色溶剂[93]。

从理论上讲，根据阴阳离子的不同组合可设计合成出很多种类的离子液体。根据有机阳离子母体的不同，离子液体主要分为四类，分别是烷基咪唑类、烷基吡啶类、烷基季铵盐类和烷基季膦盐类。一些常用离子液体的阳离子结构如图 1-7 所示。其中，由于二烷基咪唑离子液体易于合成而且性质稳定，所以这类离子液体最为常用。除此之外，还有胍类离子液体、锍盐

离子液体、胆碱型阳离子、两性离子液体以及手性离子液体等。

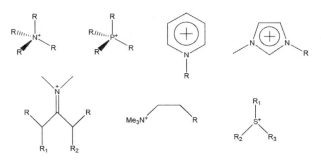

图 1-7　常用离子液体的阳离子结构示意图

由于离子液体的阴、阳离子具有可设计性，可以在离子液体的阴离子或阳离子结构中引入酸性或碱性基团，从而使其具有酸碱性。根据离子液体是否具有酸碱性，可将离子液体分为碱性离子液体和酸性离子液体。其中碱性离子液体可以分为 Lewis 碱性离子液体和 Brønsted 碱性离子液体；酸性离子液体可以分为 Lewis 酸性离子液体和 Brønsted 酸性离子液体。1975 年，Arnett 等[94]提出阴离子为[AlX₄]⁻ 的离子液体，当离子液体中的阴离子以 Cl⁻ 和[AlCl₄]⁻ 的形式存在时，体系显 Lewis 碱性。阴离子为乳酸根、羧酸根[95,96]、二氰胺根以及卤素负离子的离子液体，也具有潜在的强 Lewis 碱性。除了离子液体的阴离子具有潜在 Lewis 碱性外，还可以通过设计离子液体的阳离子合成出阳离子具有 Lewis 碱性的离子液体，例如在阳离子上引入能给出电子对的胺基(-NH₂)[97,98]等。碱性离子液体可以用作碱催化剂[99,100]。能够接受质子的离子液体一般都具有潜在的 Brønsted 碱性。这类离子液体的阴离子主要包括 OH⁻、HSO₄⁻、H₂PO₄⁻ 等。由于 HSO₄⁻ 和 H₂PO₄⁻ 是强酸弱碱型离子，因此，通常用作酸性催化剂[101-105]。Lewis 酸性的离子液体是由金属卤化物 MClₓ 和有机卤化物混合制得的，最具有代表性的是氯酸铝类离子液体，当离子液体中的阴离子以[Al₂Cl₇]⁻ 及[AlCl₄]⁻ 为主要存在形式时，体系呈 Lewis 酸性。Brønsted 酸性离子液体是通过在常规离子液体的阳离子或阴离子，特别是在阳离子咪唑环的氮原子上绑接某些具有催化活性的酸性官能团而制得。首例具有较强 Brønsted 酸性的离子液体是由 Cole 等[106]合成的，是在阳离子结构中引入了磺酸基。此后，酸性离子液体得到了广泛的应用和发展[107]。Brønsted 酸性离子液体同时兼有固体酸和液体酸的优点，被认为是一类极具广阔应用前景的绿色溶剂及潜在的工业酸催化材料[108]。一些常用 Brønsted 酸性离子液体的结构如图 1-8 所示。

根据阴离子是多核或是单核可将离子液体分为两类。阴离子为多核的

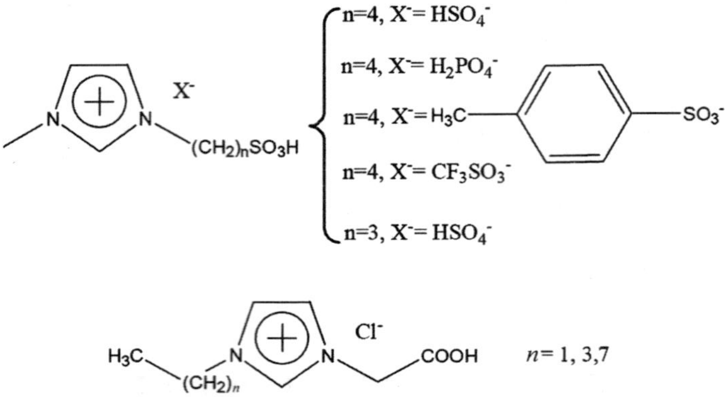

$$n=4, X^-= HSO_4^-$$
$$n=4, X^-= H_2PO_4^-$$
$$n=4, X^-= H_3C-\!\!\!\!\!\bigcirc\!\!\!\!\!-SO_3^-$$
$$n=4, X^-= CF_3SO_3^-$$
$$n=3, X^-= HSO_4^-$$

$n= 1, 3, 7$

图 1-8 常用 Brønsted 酸性离子液体的结构示意图

离子液体包括 $Al_2Cl_7^-$、$Al_3Cl_{10}^-$、$Au_2Cl_7^-$、$Fe_2Cl_7^-$、$Sb_2F_{11}^-$、$Cu_2Cl_3^-$、$Cu_3Cl_4^-$ 等。这类阴离子是由相应的酸制成的,一般对水和空气不稳定。阴离子为单核的离子液体包括 BF_4^-、PF_6^-、NO_3^-、NO_2^-、SO_4^{2-}、CH_3COO^-、SbF_6^-、$ZnCl_3^-$、$SnCl_3^-$、$N(CF_3SO_2)_2^-$、$N(C_2F_5SO_2)_2^-$、$N(FSO_2)_2^-$、$C(CF_3SO_2)_3^-$、$CF_3CO_2^-$、$CF_3SO_3^-$、$CH_3SO_3^-$ 等。

近年来,一系列咪唑型离子液体、胆碱型离子液体陆续被设计合成。这些离子液体主要用于研究离子液体分子结构与纤维素、壳聚糖及木质素溶解度之间的构效关系,用以指导对纤维素、壳聚糖及木质素具有高效溶解性能离子液体的设计,如图 1-9～图 1-15 所示。

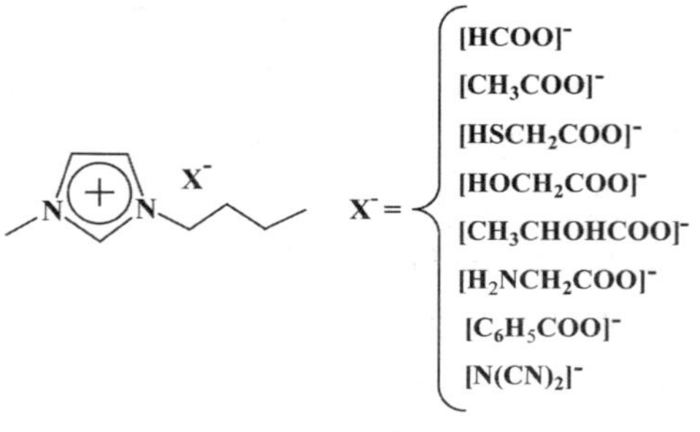

$$X^-= \begin{cases} [HCOO]^- \\ [CH_3COO]^- \\ [HSCH_2COO]^- \\ [HOCH_2COO]^- \\ [CH_3CHOHCOO]^- \\ [H_2NCH_2COO]^- \\ [C_6H_5COO]^- \\ [N(CN)_2]^- \end{cases}$$

图 1-9 1-丁基-3-甲基咪唑型离子液体的结构示意图[109]

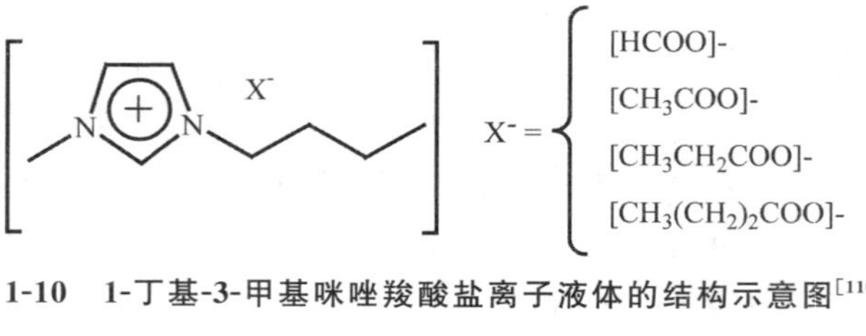

$$X^-= \begin{cases} [HCOO]- \\ [CH_3COO]- \\ [CH_3CH_2COO]- \\ [CH_3(CH_2)_2COO]- \end{cases}$$

图 1-10 1-丁基-3-甲基咪唑羧酸盐离子液体的结构示意图[110]

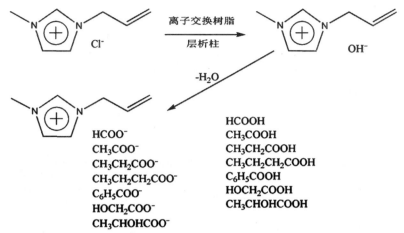

图 1-11　1-烯丙基-3-甲基咪唑羧酸盐离子液体合成及结构示意图[111]

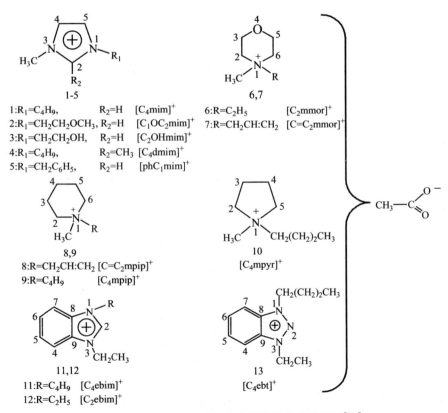

图 1-12　阴离子为乙酸根的离子液体结构示意图[112]

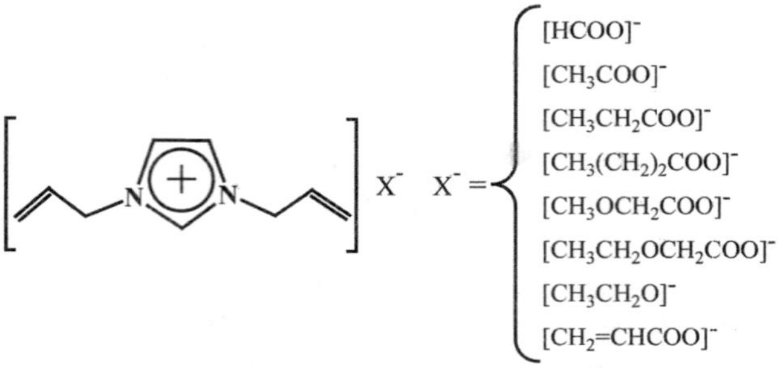

图 1-13　双烯丙基咪唑羧酸盐离子液体结构示意图[113]

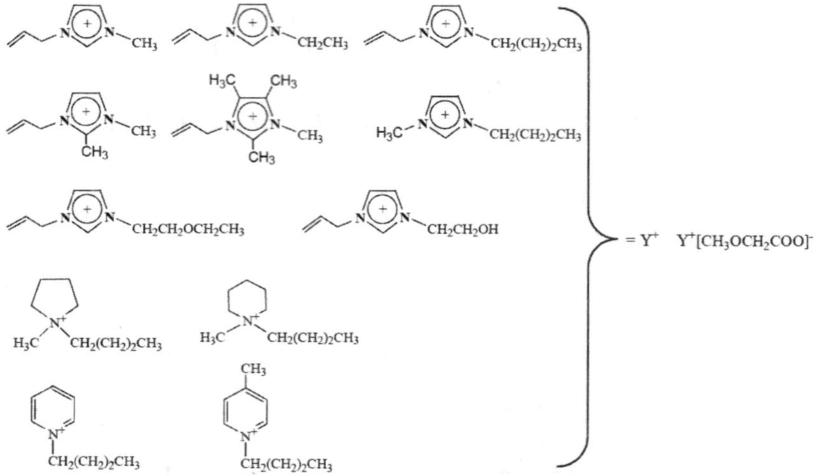

图 1-14　阴离子为甲氧基乙酸根的离子液体结构示意图[113]

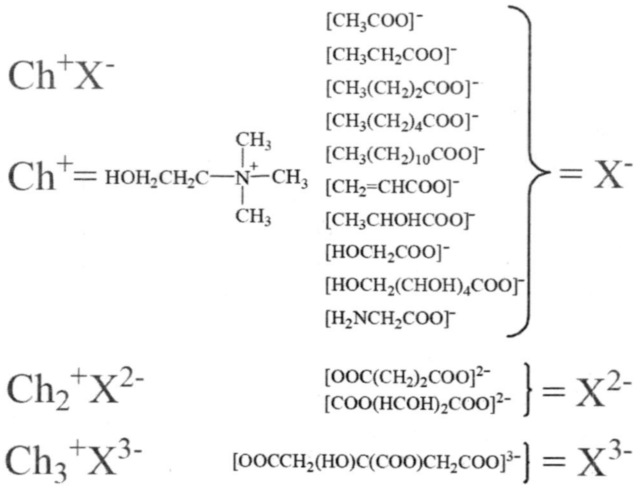

图 1-15　胆碱羧酸盐离子液体的结构示意图[114]

1.3.2　离子液体在纤维素材料制备中的应用

　　由于离子液体具有上述诸多优点,因此,科研工作者尝试用离子液体溶解纤维素并制备纤维素材料。Sescousse 等[115] 将纤维素溶解在 1-乙基-3-甲基咪唑乙酸盐($[C_2mim][CH_3COO]$)离子液体中,然后将纤维素从纤维素/$[C_2mim][CH_3COO]$溶液中再生,再经超临界 CO_2 干燥,得到超轻和高孔隙度的纤维素气凝胶的 SEM 图,如图 1-16 所示。该纤维素材料具有中孔结构,平均孔径为 10～20 nm,比表面积为 150～200 m^2/g,密度为 0.06～0.20 g/cm^3。这种纤维素材料具有“珠状”形貌结构,与从“熔融”的纤维素/N-甲基吗啉—水合物溶液获得的纤维素材料的形貌结构相似,如图 1-17[116]。同时,Sescousse 等还将此纤维素材料的机械性能,与从 82%NMMO—15%水体系及 7.6%NaOH-92.4%水体系得到的纤维素材料进行了比较。他们发现,相同的纤维素及同等干燥条件下制备的纤维素材料,杨氏模量仅与密度有关,是密度的三次方,类似于气凝胶的杨氏模量。这种类似于气凝胶而非泡沫状的形貌结构,是在纤维素再生过程中、纤维素整体网络结构存在许多瑕疵形成的。另外,与在机械压缩获得的杨氏模量和汞实验中的数据也很好地匹配。

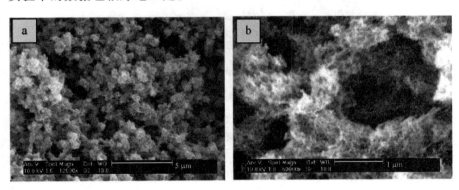

图 1-16　纤维素气凝胶的 SEM 图:从 3%的纤维素/$[C_2mim][CH_3COO]$溶液制备,
(a)放大 12500 倍;(b)放大 50000 倍

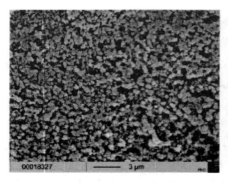

图 1-17　纤维素气凝胶的 SEM 图：从 3％的纤维素/NMMO 溶液制备，放大不同倍数

Tsioptsias 等[117]将纤维素溶于 1-丁基-3-甲基咪唑氯盐（[C_4 mim]Cl）离子液体中，然后将纤维素/纤维素出溶液加在两个载玻片之间，置于空气中 7 d，温度为室温，7 d 用乙醇洗去排除[C_4 mim]Cl，再经真空干燥得到凝胶材料，如图 1-18（a）和（b）所示。这种凝胶材料含有纤维素、[C_4 mim]Cl 和水，在 120℃ 变软，在 150℃时变成流体，冷却至室温又变成凝胶，而且比原来更透明。

图 1-18　纤维气凝胶材料图

(a)夹于载玻片之间;(b)再经空气干燥得凝胶材料

Deng 等[118]将纤维素溶于 1-丁基-3-甲基咪唑氯盐离子液体，在水中凝聚沉淀、洗涤，用氮气进行冷冻干燥，得到具有纳米孔的泡沫状纤维素，如图 1-19所示。结果表明，这种泡沫状纤维素具有三维开放纤维网络结构，比表面积高达 186.0 m^2/g，孔隙率为 99％。此外，泡沫状纤维素是纤维素 Ⅱ晶体结构。纤维素的浓度以及干燥方法都会对其产生影响泡沫状纤维素的结构和孔隙大小。

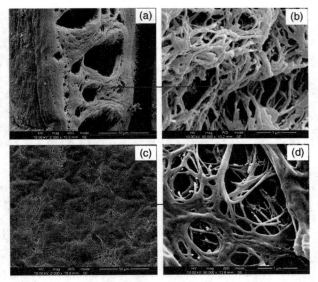

图 1-19　由 1 wt.％纤维素溶液制备的泡沫状纤维素的 SEM 图：
(a) 表面，扩大 2000 倍；(b) 表面，扩大 80 000 倍；
(c) 断裂面，扩大 2000 倍；(d) 断裂面，扩大 80 000 倍

Liu 等[119]将纤维素/1-丁基-3-甲基咪唑氯盐溶液在 0℃冷冻 72 h，在水中解冻并洗涤，再冻干，得到超轻多空纤维素材料。当纤维素浓度为 1％时，纤维素材料由低结晶度的纤维素层构成，且为单向结构，如图 1-20 中的图 (a)和图(c)所示。当纤维素浓度为 4％时，纤维素材料的结构随机取向，且为单向结构，如图 1-20 中的图(b)和图(d)所示。多空纤维素材料的密度为 $44 \sim 88$ mg/cm^3，吸油量为 $9.70 \sim 22.40$ g/g。用高碘酸钠氧化纤维素材料，可以将双醛基团引入多孔结构中。经过相同反应时间后，多空纤维素材料的醛基含量明显高于未处理的纤维素。合成的双醛改性多空纤维素材料对尿素的吸附效果优于改性粘胶纤维。多空纤维素材料的高反应性源于其低结晶度和多孔结构。

Pang 等[120]将聚合度为 920 的纤维素分别溶解在离子液体[C$_4$mim]Cl、1-烯丙基-3-甲基咪唑氯盐（[Amim]Cl）、1-乙基-3-甲基咪唑醋酸盐（[C$_2$mim]Ac）和 1-乙基-3-甲基咪唑氯盐（[C$_2$mim]Cl）中，从而制得一系列的纤维素材料，其形貌光滑、密实。

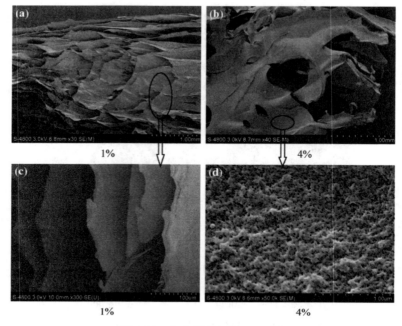

图 1-20 多空纤维素的 SEM 图
(a)扩大 30 倍；(b)扩大 40 倍；(c)扩大 300 倍；(d)扩大 50000 倍

1.4 离子液体在木质纤维素材料制备中的应用

木质纤维素生物质通常是指可再生的有机物质，主要包括农作物、树木和其他植物及残体、畜禽粪便、有机废弃物以及边际性土壤和水面种植的能源植物[121]。地球上木质纤维素生物质总量极为巨大，大自然通过光合作用每年产生约 2000 亿 t 木质纤维素生物质，但是目前世界上木质纤维素生物质的利用率还不到 7%。木质纤维素生物质主要包括纤维素、半纤维素及木质素三组分，另外还含有极少量的灰分、蛋白质及脂肪。不同种类的生物质资源与纤维素、半纤维素及木质素三组分含量差别较大[122-130]。在生物质原料中，纤维素、木质素和半纤维素等牢固结合，一起构成超分子体系；阿魏酸以酯键与半纤维素连接，以醚键与木质素连接[131]，木质素和半纤维素形成牢固的结合层包围着纤维素；木质素以共价键、半纤维素以氢键和范德华力与纤维素相连接[132]。有人推测，半纤维素主要包围纤维素的无定形区，而木质素包围纤维素的结晶区。纤维素、木质素和半纤维素是构成植物细胞壁的主要组分[133]。木质纤维素生物质的结构见图 1-21,纤维素的结构见图 1-1,半纤维素的结构见图 1-22,木质素的结构见图 1-23～图 1-26。

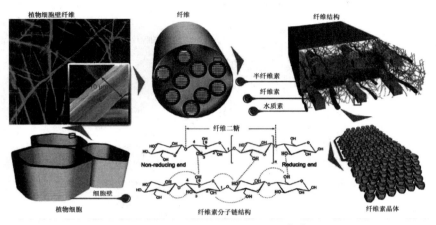

图 1-21　细胞壁的结构示意图[133]

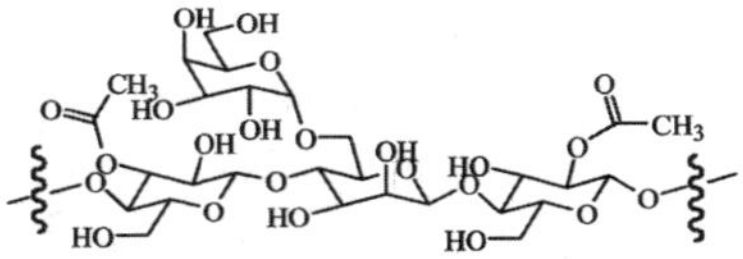

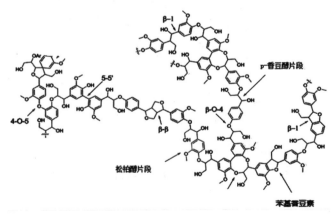

图 1-22　针叶木半纤维素的结构示意图[134]

图 1-23　软木木质素的结构示意图[135]

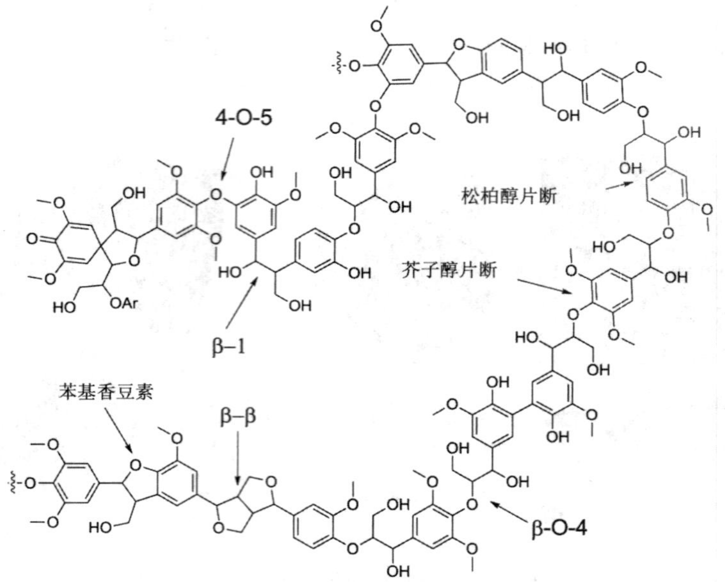

图 1-24　硬木木质素的结构示意图[135]

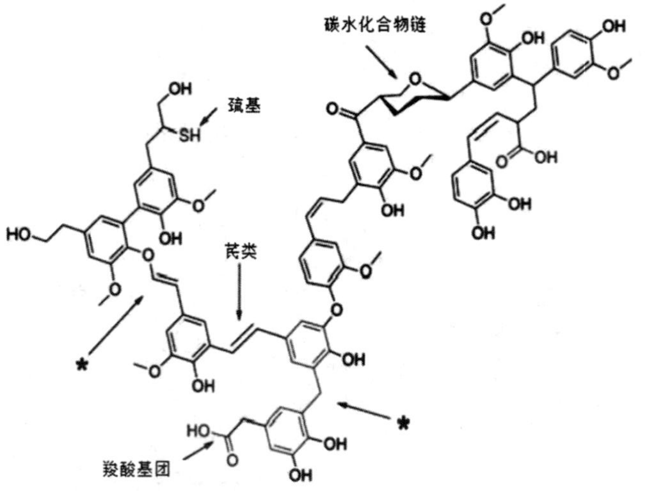

图 1-25　松木 Kraft 木质素的结构示意图[136-138]

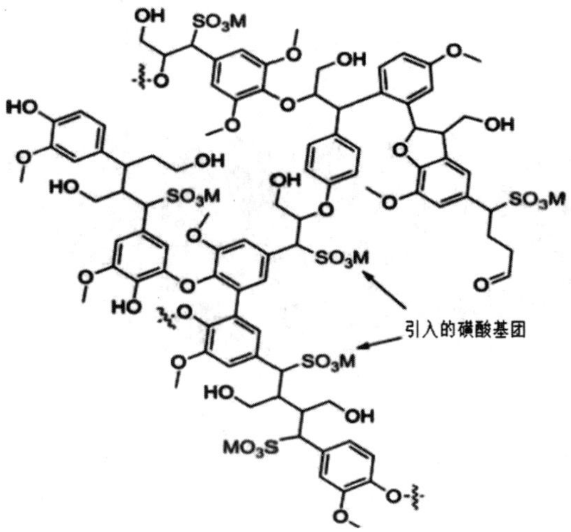

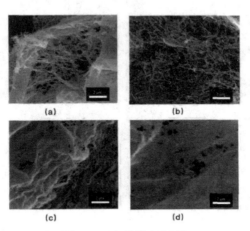

图 1-26　磺酸盐木质素的结构示意图[136,137]

　　卢芸等[139]人用离子液体溶解 60 目木粉,溶解后经过不同次数的冷冻-解冻循环后成功制备出气凝胶,见图 1-27。制备出的木质纤维素气凝胶具有的三维纤丝网状结构,通过冷冻-解冻循环可以逐渐增强为片状结构,纳米纤丝的网络支架影响了气凝胶的多层级微米-纳米形貌;木质纤维素气凝胶的结晶度随冻融次数的增加呈先增加后减小的变化趋势。

图 1-27　木粉的 SEM 图
(a) 1 次冷冻-解冻循环;(b) 4 次冷冻-解冻循环;
(c) 7 次冷冻-解冻循环;(d) 10 次冷冻-解冻循环

　　金春德等[140]将废报纸在 1-烯丙基-3-甲基咪唑氯盐([Amim]Cl)离子液体中进行溶解,经过不同溶剂依次置换洗涤得到水凝胶,随后水凝胶经过冷冻干燥制得气凝胶,再采用扫描电镜等表征可以得出气凝胶为三维多孔结构,其能够用于吸附废弃污油和水,并且能够通过一些简单的过程如简单挤压就可以重复循环利用,见图1-28。

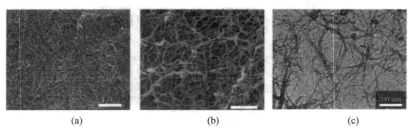

(a)   (b)   (c)

图 1-28　废报纸的 SEM 图

(a)低倍扫描电镜图(3000x);(b)高倍扫描电镜图(20000x);(c)透射电镜图

　　Aaltonen 等[141]将云杉木溶于 1-丁基-3-甲基咪唑氯盐离子液体,用乙醇聚凝,并用超临界二氧化碳进行干燥,制备了纳米纤维气凝胶,见图1-29。气凝胶的体积密度在 25 ～ 114 g/L 和内部表面积(BET)在 108～539 m^2/g 取决于生物聚合物混合物和聚合物浓度在离子液体中。所有气凝胶都是可压缩的,由纳米纤维组成多孔结构的生物材料网络。

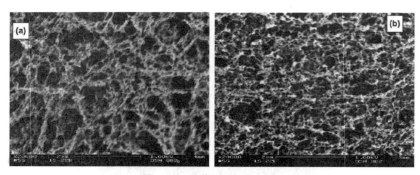

图 1-29　云杉木的 SEM 图

(a) 用 10%乙醇水溶液聚凝;(b) 用 90 %乙醇水溶液聚凝

　　Li 等[142]将山黄麻木溶于 1-烯丙基-3-甲基咪唑氯盐([Amim]Cl)离子液体,经过不同次数的冷冻-解冻循环、水中聚凝、丙酮溶剂交换、超临界二氧化碳干燥,成功制备出气凝胶,见图1-30。气凝胶有开放的三维纤维网络,通过调整冷冻-解冻循环次数可以从纳米纤维转化为具有微米尺度和纳米尺度形貌和孔隙度的片状骨架。冷冻-解冻循环次数影响气凝胶的强度、比表面积、结晶度和热稳定性。

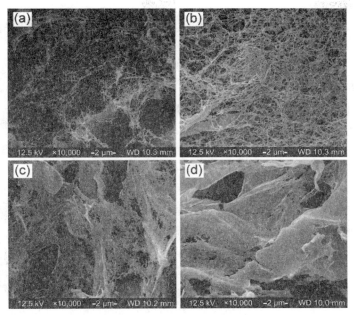

图 1-30　山黄麻木的 SEM 图

（a）1 次冷冻-解冻循环；（b）4 次冷冻-解冻循环；
（c）7 次冷冻-解冻循环；（d）10 次冷冻-解冻循环

　　木质纤维素气凝胶能够用作隔热物质、降噪材料、废水处理、气体过滤材质等。气凝胶应用广泛，极具研究价值，但也有不足，因此需要进一步研究，使气凝胶的性能更优化、用途更广，为社会创造出更多的价值。

参 考 文 献

　　[1] 张金明，张军. 基于纤维素的先进功能材料 [J]. 高分子学报，2010(12)：1376-1398.

　　[2] Xia Y，Larock R C. Vegetable oil-based polymeric materials：synthesis，properties，and applications [J]. Green Chemistry，2010，12（11）：1893-1909.

　　[3] Dutta S K，Kim J H，Ide Y S. 3D network of cellulose-based energy storage devices and related emerging applications [J]. Materials Horizons，2017，4(4)：522-545.

　　[4] 庞军浩，常江. 微晶纤维素研究进展 [J]. 化学工程师，2017，31

(9)：29-31.

[5] 王运刚. 植物纤维制备微晶纤维素的研究 [D]. 山东：齐鲁工业大学，2015，4：49.

[6] 何耀良，廖小新，黄科林，等. 微晶纤维素的研究进展 [J]. 化工技术与开发，2010，39(1)：12-16.

[7]Bhattacharyya S K，Parmar B S，Chakraborty A，et al. Exploring mi-crocrystalline cellulose（MCC）as a green multi-functional additive（MFA）in a typical solution-grade styrene bu-tadiene rubber（S-SBR）-based tread compound [J]. Industrial & Engineering Chemistry Research，2012，51(32)：10649-110658.

[8] 马明国，付连花，李亚瑜，等. 纤维素及复合材料及其在医用方面的研究进展 [J]. 林业工程学报，2017，2(6)：1-9.

[9] Yadav M，Mun S，Hyun J，et al. Synthesis and characterization of iron oxide/cellulose nanocomposite film[J]. International Journal of Biological Macromolecules，2015，74：142-149.

[10] Xu A R，Guo X，Xu R. Understanding the dissolution of cellulose in1-butyl-3-methylimidazolium acetate ＋ DMAc solvent [J]. International Journal of Biological Macromolecules，2015，81：1000-1004.

[11] Gebrekidan E T，Michel A M，Bruno S T，et al. Energy storage materials synthesized from ionic liquids [J]. Angewandte Chemie International Edition，2014，53(49)：13342-13359.

[12] 林莹，蒋国强，昝佳，等. 甲基纤维素温敏水凝胶的凝固及体外释药特性 [J]. 清华大学学报，2006，46(6)：836-838.

[13] Nasatto P L，Pignon F，Silveira J L M，et al. Methylcellulose, a cellulose derivative with original physical properties and extended applications [J]. Polymers，2015，7(5)：777-803.

[14] Kim M H，Park H N，Nam H C. Injectable methylcellulose hydrogel containing silver oxide nanoparticles for burn wound healing [J]. Carbohydrate Polymers，2018，181：579-586.

[15] Du M R，Jing H W，Duan W H，et al. Methylcellulose stabilized multi-walled carbon nanotubes dispersion for sustainable cement composites [J]. Construction and Building Materials，2017，146：76-85.

[16] 冯博，朱贤文，彭金秀. 甲基纤维素的应激反应及其对滑石浮选的影响 [J]. 2017，27(5)：1031-1036.

[17] 肖乃玉，陈雪君，庄永沐，等. 可食性甲基纤维素包装膜的制备

及其应用 [J]. 化工进展，2015，34(7)：1967-1972.

[18] Law N, Doney B D, Glover H L, et al. Characterisation of hyaluronic acid methylcellulose hydrogels for 3D bioprinting [J]. Journal of the Mechanical Behavior of Biomedical Materials，2018，77：89-399.

[19] Contessi N C, Altomare L N, Filipponi, A D, et al. Thermoresponsive properties of methylcellulose hydrogels for cell sheet engineering [J]. Materials Letters，2017，207：157-160.

[20] Liao H Y, Hong H Q, Zhang H Y, et al. Preparation of hydrophilic polyethylene/methylcellulose blend microporous membranes for separator of lithium-ion batteries [J]. Journal of Membrane Science，2016，498：147-157.

[21] 帅闯，张弛，林晓艳. 纳米甲基纤维素接枝共聚物制备与表征 [J]. 武汉理工大学学报，2014，36(2)：44-48.

[22] 邓艳丽，杨斌，苗继斌，等. 聚乳酸增韧研究进展 [J]. 化工进展，2015，34(11)：3975-3978.

[23] 李新. 生物可降解高分子材料现阶段的开发及应用情况综述 [J]. 中国新技术新产品，2011(11)：2.

[24] 高伟娜，赵雄燕，孙占英，等. 聚乳酸复合材料的研究进展 [J]. 塑料，2014，43(5)：39-41.

[25] Qian S P, Zhang H H, Yao W C, et al. Effects of bamboo cellulose nanowhisker content on the morphology, crystallization, mechanical, and thermal properties of PLA matrix biocomposites [J]. Composites Part B-Engineering，2018，133：203-209.

[26] Vijay K T, Manju K T, Prasanth R. Progress in green polymer composites from lignin for multifunctional applications：a review [J]. ACS Sustainable Chemistry & Engineering，2014，2(5)：1072-1092.

[27] 曹燕琳，尹静波，颜世峰. 生物可降解聚乳酸的改性及其应用研究进展 [J]. 高分子通报，2006(10)：90-97.

[28] Dhanapal J, Balaraman R D. Chitosan/poly (lactic acid)-coated piceatannol nanoparticles exert an in vitro apoptosis activity on liver, lung and breast cancer cell lines [J]. Artificial cells, Nanomedicine, and Biotechnology，2018(1)：1-9.

[29] Meng X T, Nguyen N A, Tekinalp H L, et al. Supertough PLA-silane nanohybrids by in situ condensation and grafting [J]. ACS Sustainable Chemistry & Engineering，2018,6(1)：1289-1298.

[30] 李春光，徐鹏飞，李云霞，等. 玉米秸秆微晶纤维素/聚乳酸复合膜的制备与性能 [J]. 复合材料学报，2011，28(4)：94-98.

[31] 庞锦英，刘钰馨，李建鸣，等. 阻燃剑麻纤维增强聚乳酸复合材料的自然降解性能研究 [J]. 广西师范学院学报（自然科学版），2017，34(2)：77-81.

[32] 朱婷，胡德安，王毅刚. PMMA 材料裂纹动态扩展及止裂研究 [J]. 应用力学学报，2017，34(2)：230-236.

[33] 邓俊英，秦佃斌，林争超，等. 聚甲基丙烯酸甲酯微球在水性木器涂料领域的开发与应用 [J]. 中国涂料，2016，31(6)：10-13.

[34] 彭军芝，汪宏涛. 聚甲基丙烯酸甲酯的改性研究进展 [J]. 广州化学，2001，26(4)：60-65.

[35] He H，Chen S，Bai J，et al. High transparency and toughness PMMA nanocomposites toughened by self-assembled 3D loofah-like gel networks：Fabrication,mecha-nism,and insight into the in situ polymerization process [J]. RSC Advances，2016，6(41)：34685-34691.

[36] 葛剑敏，王佐民，洪宗辉，等. 改善城市人居环境噪声的方法及应用分析 [J]. 工程建设与设计，2003，3(3)：7-8.

[37] 费旭，傅娜，王耀，等. 可交联聚甲基丙烯酸甲酯的合成、表征及在阵列式波导光栅中的应用 [J]. 高等学校化学学报，2006，27(3)：571-574.

[38] Notario B，Ballesteros A，Pinto J，et al. Nanopo-rous PMMA：A novel system with different acoustic properties [J]. Materials Letters，2016，168：76-79.

[39] Song S，Wan C，Zhang Y. Non-covalent functionalization of graphene oxide by pyrene-block copolymers for enhancing physical properties of poly（methylmethacrylate）[J]. RSC Advances，2015，5(97)：79947-79955.

[40] 徐丽萍，乔军，杨兴亮，等. 聚甲基丙烯酸甲酯/蒙脱土纳米复合材料的制备与表征 [J]. 安徽工业大学学报（自然科学版），2012，29(1)：38-41.

[41] 陈卢松，黄争鸣. PMMA 透光复合材料研究进展 [J]. 塑料，2007，36(4)：90-95.

[42] Mundargi R C，Babu V R，Rangaswamy V，et al. Nano/micro technologies for delivering macromoleculartherapeutice using poly（D,L-lactide-c,o-glycolide）and its derivatives [J]. Journal of Controlled Re-

lease，2008，125（3）：193-209.

[43] 钦富华，胡英，高建青，等. 多孔 PLGA 微球的应用研究进展 [J]. 2012，28（3）：351-355.

[44] Lu J M，Wang X，Marin-Muller C，et al. Current advances in research and clinical applications of PLGA-based nanotechnology [J]. Expert Review of Molecular Diagnostics，2009，9（4）：325-341.

[45] 赵月，陈灶妹，何婷，等. PEG/PLGA 纳米纤维膜的制备及其参数优化 [J]. 生物医学工程研究，2017，36（3）：262-267.

[46] 钟宇科，焦建，徐依斌. 完全生物降解塑料 PBS 共混改性综述 [J]. 合成材料老化与应用，2013，42（1）：37-40.

[47] Xu J，Guo B. Poly（butylene succinate）and its copolymers：Research，development and industrialization [J]. Journal of Biotechnology，2010，5（11）：1149-1163.

[48] Chuah J，Yamada M，Taguchi S，et al. Biosynthesis and characterization of polyhydroxyalkanoate containing 5-hydroxyvalerate units：Effects of 5HV units on biodegradability，cytotoxicity，mechanical and thermal properties [J]. Polymer Degradation and Stability，2013，98（1）：331-338.

[49] 张维，季君晖，赵剑，等. 生物质基聚丁二酸丁二醇酯（PBS）应用研究进展 [J]. 化工新型材料，2010，38（7）：1-5.

[50] 王斌，许斌. 聚丁二酸丁二醇酯（PBS）的现状及进展 [J]. 化工设计，2014，24（3）：3-7.

[51] 杨金明，王波，田小燕. 聚丁二酸丁二酯的研究进展 [J]. 工程塑料应用，2015，43（2）：117-120.

[52] 陈兴章. 层状金属复合材料技术创新及发展趋势综述 [J]. 有色金属材料与工程，2017，38（2）：63-66.

[53] Ma L M，Zhang J Z，Yue G Q，et al. Application of composites in new generation of large civil aircraft [J]. Acta Materiac Compositae Sinica，2015，32（2）：317-322.

[54] Dicker M P M，Duckworth P F，Baker A B，et al. Green composites：A review of material attributes and complementary applications [J]. Composites Part A：Applied Scienceand Manufacturing，2014，56：280-289.

[55] 银鹏，薛灿，史冰旭. 不同纤维素形态对复合材料性能影响的研究进展 [J]. 塑料，2017，46（5）：84-87.

[56] Fuqua M A, Huo S S, Ulven C A. Natural fiber re-inforced composites [J]. Polymer Reviews, 2012, 52(3—4): 259-320.

[57] Brief L. Opportunities in natural fiber composites [J]. Lucintel LLC, Irving(TX), 2011(3):16.

[58] Saba N, Jawaid M, Alothman O Y, et al. Recent advances in epoxy resin, natural fiber-reinforced epoxy composites and their applications [J]. Journal of Reinforced Plastics and Composites, 2016, 35(6): 447-470.

[59] Zhao J Q, He X, Wang Y R, et al. Reinforcement of all-cellulose nanocomposites films using native cellulose nanofibrils [J]. Carbohydrate Polymers, 2014, 104(1): 143-150.

[60] Moon R J, Martini A, Nairn J, et al. Cellulose nanomateri-als review: structure, properties and nanocomposites [J]. Chemical Society Reviews, 2011, 40(7): 3941-3994.

[61] Oksman K, Skrifvars M, Selin J F. Natural fibres as reinforcement in polylactic acid (PLA) composites [J]. Composites Science and Technology, 2003, 63(9): 1317-1324.

[62] Bulota M, Budtova T. Highly porous and light-weight flax/PLA composites[J]. Industrial Crops and Products, 2015, 74: 132-138.

[63] Nishino T, Hira K, Kotera M, et al. Kenaf reinforced biodegradable composite [J]. Composites Science and Technology, 2003, 63(9): 1281-1286.

[64] Plackett D, Andersen T L, Pedersen W B, et al. Biodegradable composites based on L-polylactide and jute fibres [J]. Composites Science and Technology, 2003, 63(9):1287-1296.

[65] Lee S H, Wang S Q. Biodegradable polymers/bamboo fiber biocomposite with bio-based coupling agent [J]. Composites Part A, 2006, 37(1): 80-91.

[66] Sukmawan R, Takagi H, Nakagaito A N. Strength evaluation of cross-ply green composite laminates reinforced by bamboo fiber [J]. Composites Part B, 2016, 84: 9-16.

[67] Paximada P, Tsouko E, Kopsahelis N, et al. Bacterial cellulose as stabilizer of o/w emulsions [J]. Food Hydrocolloids, 2016, 53: 225-232.

[68] Luddee M, Pivsa-Art S, Sirisansaneeyakul S, et al. Particle size

of ground bacterial cellulose affecting mechanical, thermal, and moisture barrier properties of PLA/BC biocomposites [J]. Energy Procedia, 2014, 56: 211-218.

[69] Oksman K, Mathew A P, Bondeson D, et al. Manufacturing process of cellulose whiskers/polylactic acid nanocomposites [J]. Composites Science and Technology, 2006, 66(15): 2776-2784.

[70] Petersson L, Kvien I, Oksman K. Structure and thermal properties of poly (lactic acid)/cellulose whiskers nanocomposite materials [J]. Composites Science and Technology, 2007, 67(11—12): 2535-2544.

[71] Jonoobi M, Harun J, Mathew A P, et al. Mechanical properties of cellulose nanofiber (CNF) reinforced polylactic acid (PLA) prepared by twin screw extrusion [J]. Composites Science and Technology, 2010, 70 (12): 1742-1747.

[72] Iwatake A, Nogi M, Yano H. Cellulose nanofiber-reinforced polylactic acid [J]. Composites Science and Technology, 2008, 68(9): 2103-2106.

[73] Nakagaito A N, Fujimura A, Sakai T, et al. Production of microfibrillated cellulose (MFC)-reinforced polylactic acid (PLA) nanocomposites from sheets obtained by a papermaking-like process [J]. Composites Science and Technology, 2009, 69(7—8): 1293-1297.

[74] Suryanegara L, Nakagaito A N, Yano H. The effect of crystallization of PLA on the thermal and mechanical properties of microfibrillated cellulose-reinforced PLA composites [J]. Composites Science and Technology, 2009, 69(7—8): 1187-1192.

[75] Wang T, Drzal L T. Cellulose-nanofiber-reinforced poly (lactic acid) composites prepared by a water-based approach [J]. ACS Applied Materials & Interfaces, 2012, 4(10): 5079-5085.

[76] Qian S P, Sheng K C. PLA toughened by bamboo cellulose nanowhiskers: role of silane compatibilization on the PLA bionanocomposite properties [J]. Composites Science and Technology, 2017, 148: 59-69.

[77] Teramoto Y, Nishio Y. Cellulose diacetate-graft-poly (lactic acid) s: synthesis of wide-ranging compositions and their thermal and mechanical properties [J]. Polymer, 2003, 44(9): 2701-2709.

[78] Teramoto Y, Nishio Y. Biodegradable cellulose diacetate-graft-

poly(l-lactide)s: enzymatic hydrolysis behavior and surface morphological characterization [J]. Biomacromolecules, 2004, 5(2): 407-414.

[79] Ogata N, Tatsushima T, Nakane K, et al. Structure and physical properties of cellulose acetate/poly(L-lactide) blends [J]. Journal of Applied Polymer Science, 2002, 85(6): 1219-1226.

[80] Huang A, Peng X, Gen L, et al. Electrospun (butylene succinate)/cellulose nanocrystals bio-nanocomposite scaffolds for tissue engineering: Preparation, characterization and in vitro evaluation [J]. Polymer Testing, 2018, 71: 101-109.

[81] Li Y D, Fu Q Q, Wang M, et al. Morphology, crystallization and rheological behavior in poly(butylene succinate)/cellulose nanocrystal nanocomposites fabricated by solution coagulation [J]. Carbohydrate Polymers, 2017, 164: 75-82.

[82] Zhang X, Wang X. Polybutylene succinate/cellulose nanocrystals: Role of phthalic anhydride in squeeze oriented bionanocomposites [J]. Carbohydrate Polymers, 2018, 196: 254-261.

[83] Zhou M, Fan M, Zhao Y, Jin T, Fu Q. Effect of stretching on the mechanical properties in melt-spun poly(butylene succinate)/microfibrillated cellulose (MFC) nanocomposites [J]. Carbohydrate Polymers, 2016, 140: 383-392.

[84] cíhal P, Vopi cka O, Lan c M, et al. Poly(butylene succinate)-cellulose triacetate blends: permeation, pervaporation, sorption and physical structure [J]. Polymer Testing, 2018, 65: 468-479.

[85] Shi K, Liu Y, Hu X, et al. Preparation, characterization, and biodegradation of poly(butylene succinate)/cellulose triacetate blends [J]. International Journal of Biological Macromolecules, 2018, 114: 373-380.

[86] Tachibana Y, Giang N T T, Ninomiya F, et al. Cellulose acetate butyrate as multifunctional additive for poly(butylene succinate) by melt blending: Mechanical properties, biomass carbon ratio, and control of biodegradability [J]. Polymer Degradation and Stability, 2010, 95(8): 1406-1413.

[87] Phasawat C, Saowaroj C, Thanawadee L. Use of microcrystalline cellulose prepared from cotton fabric waste to prepare poly(butylene succinate) composites [C]. Switzerland: Trans Tech Publications, 2012: 430-434.

［88］SWilkes J. A short history of ionic liquids-from molten salts to neoteric solvents ［J］. Green Chemistry，2002，4：73-80.

［89］Welton T. Room-temperature ionic liquids. Solvents for synthesis and catalysis ［J］. Chemical Reviews，1999，99(8)：2071-2084.

［90］Wasserscheid P，Keim W. Ionic liquid-new "solutions" for transition metal catalysis ［J］. Angewandte Chemie International Edition，2000，39(21)：3772-3789.

［91］Dupont J，de Souza R F，Suarez P A Z. Ionic liquid (molten salt) phase organometallic catalysis ［J］. Chemical Reviews，2002，102 (10)：3667-3692.

［92］Brennecke J F，Maginn E J. Ionic liquids：innovative fluids for chemical processing ［J］. AIChE Journal，2001，47(11)：2384-2389.

［93］Blanchard L A，Hancu D，Beckman E J，et al. Green processing using ionic liquid and CO_2［J］. Nature，1999，399(6731)：28-29.

［94］Chum H L，Koch，V R，Miller L L，et al. Electrochemical scrutiny of organometallic iron complexes and hexamethylbenzene in a room temperature molten salt ［J］. Journal of the American Chemical Society，1975，97(11)：3264-3265.

［95］Bicak N. A new ionic liquid：2-hydroxy ethylammonium formate ［J］. Journal of Molecular Liquids，2005，116(1)：15-18.

［96］Masahiro Y F，Katarina J，Peter N，et al. Novel Lewis base ionic liquids replacing typical anions ［J］. Tetrahedron Letters，2006，47 (16)：2755 -2758.

［97］Song G H，Cai，Y Q，Peng Y Q. Amino-functionalized ionic liquid as a nucleophilic scavenger in solution phase combinatorial synthesis ［J］. Journal of Combinatorial Chemistry，2005，7(4)：561-566.

［98］Cai Y Q，Peng Y Q，Song G H. Amino-functionalized ionic liquid as an efficient and recyclable catalyst for Knoevenagel reactions in water ［J］. Catalysis Letters，2006，109(1−2)：61-64.

［99］乔焜，邓友全. 氯铝酸离子液体介质中醚化反应的研究 ［J］. 催化学报，2002，23(6)：559-561.

［100］Forsyth S A，Macfarlane D R，Thomson R J. et al. Rapid，clean，and mild o-acetylation of alcohols and carbohydrates in an ionic liquid ［J］. Chemical Communications，2002(7)：714-715.

［101］Fraga J D，Bourahala K，Rahmouni M，et al. Catalysed esterifications in room temperature ionic liquids with acidic counteranion as recyclable reaction media [J]. Catalysis Communications, 2002, 3(5): 185-190.

[102] Zhao G Y, Jiang T, Gao H X, et al. Mannich reaction using acidic ionic liquids as catalysts and solvents [J]. Green Chemistry, 2004, 6: 75-77.

[103] Liu S W, Xie C X, Yu S T, et al. Esterification of a-pinene and acetic acid using acidic ionic liquids as catalysts [J]. Catalysis Communications, 2008, 9(7): 1634-1638.

[104] Shen J H, Wang H, Liu H C, et al. Brønsted acidic ionic liquids as dual catalyst and solvent for environmentally friendly synthesis of chalcone [J]. Journal of Molecular Catalysis A-Chemical, 2008, 280(1—2): 24-28.

[105] Gupta N, Sonu, Kad G L, et al. Acidic ionic liquid [bmim] HSO_4: An efficient catalyst for acetalization and thioacetalization of carbonyl compounds and their subsequent deprotection [J]. Catalysis Communications, 2007, 8(9): 1323-1328.

[106] Cole A C, Jensen J L, Ntai I. Novel Brøsted acidic ionic liquids and their use as dual solvent-catalysts [J]. Journal of the American Chemical Society, 2002, 124(21): 5962-5963.

[107] Gui J Z, Cong X H, Liu D, et al. Novel Brøsted acidic ionic liquid as efficient and reusable catalyst system for esterification [J]. Catalysis Communications, 2004, 5(9): 473-477.

[108] Zhao D B, Wu M, Kou Y, et al. Ionic liquid: application in catalysis [J]. Catalysis Today, 2002, 74: 157-189.

[109] Xu A R, Wang J J, Wang H Y. Effects of anionic structure and lithium salts addition on the dissolution ofcellulose in 1-butyl-3-methylimidazolium-based ionic liquid solvent systems [J]. Green Chemistry, 2010, 12(2): 268-275.

[110] Xu A R, Wang J J, Zhang Y J, et al. Effect of alkyl chain length in anions on thermodynamic and surface properties of 1-butyl-3-methylimidazolium carboxylate ionic liquids [J]. Industrial & Engineering Chemistry Research, 2012, 51(8): 3458-3465.

[111] Zhang Y J, Xu A R, Lu B L, et al. Dissolution of cellulose in 1-allyl-3-methylimizodalium carboxylatesat room temperature: A struc-

ture-property relationship study [J]. Carbohydrate Polymers, 2015, 117: 666-672.

[112] Lu B L, Xu A R, Wang J J. Cation does matter: how cationic structure affects the dissolution of cellulose in ionic liquids [J]. Green Chemistry, 2014, 16(3): 1326-1335.

[113] Xu A R, Chen L, Wang J J. Functionalized imidazalium carboxylates for enhancing practical applicability in cellulose processing [J]. Macromolecules, 2018, 51(11): 4158-4166.

[114] Xu A R, Guo X, Zhang Y B, et al. Efficient and sustainable solvents for lignin dissolution: aqueous choline carboxylate solutions [J]. Green Chemistry, 2017, 19(17): 4067-4073

[115] Sescousse R, Gavillon R, Budtova T. Aerocellulose from cellulose-ionic liquid solutions: Preparation, properties and comparison with cellulose-NaOH and cellulose-NMMO routes [J]. Carbohydrate Polymers, 2011, 83(4): 1766-1774.

[116] Gavillon R, Budtova T. Aerocellulose: New highly porous cellulose prepared from cellulose-NaOH aqueous solutions [J]. Biomacromolecules, 2008, 9(1): 269-277.

[117] Kadokawa J, Murakami M, Kaneko Y. A facile preparation of gel materials from a solution of cellulose in ionic liquid [J]. Carbohydrate Research, 2008, 343(4): 769-772.

[118] Deng M, Zhou Q, Du A, et al. Preparation of nanoporous cellulose foams from cellulose-ionic liquid solutions [J]. Materials Letters, 2009, 63(21): 1851-1854.

[119] Liu X, Chang P R, Zheng P, et al. Porous cellulose facilitated by ionic liquid [BMIM]Cl: fabrication, characterization, and modification [J]. Cellulose, 2015, 22(1):709-715.

[120] Pang J H, Liu X, Wu M, et al. Fabrication and characterization of regenerated cellulose films using different ionic liquids[J]. Journal of Spectroscopy, 2014, 543: 315-324.

[121] Chen D K, Li J, Ren J. Biocomposites based on ramie fibers and poly(1-lactic acid) PLLA: morphology and properties [J]. Polymer Advances Technology, 2012, 23(2): 198-207.

[122] Zhu, S D, Use of ionic liquids for the efficient utilization of lignocellulosic materials [J]. Journal of Chemical Technology and Biotech-

nology，2008，83(6)：777-779.

[123] McKendry P. Energy production from biomass (part 1)：overview of biomass [J]. Bioresource Technology，2002，83(1)：37-46.

[124] Klemm D，Heublein B，Fink H P，et al. Cellulose：fascinating biopolymer and sustainable raw material [J]. Angewandte Chemie International Edition. 2005，44(22)：3358-3393.

[125] Zhu M，Wang Y，Zhu S，et al. Anisotropic，transparent films with aligned cellulose nanofibers [J]. Advanced Materials，2017，29(21)：1606284.

[126] Guidetti G，Atifi S，Vignolini S，et al. Flexible photonic cellulose nanocrystal films [J]. Advanced Materials. 2016，28（45），10042-10047.

[127] Fan J，De bruyn M，Budarin V L，et al. Direct microwave-assisted hydrothermal depolymerization of cellulose [J]. Journal of the American Chemical Society，2013，135(32)：11728-11731.

[128] Swatloski R P，Spear S K，Holbrey J D，et al. Dissolution of cellose with ionic liquids [J]. Journal of the American Chemical Society，2002，124(18)：4974-4975.

[129] 王丽丽，莫卫民，卢耀平，等. 毛竹水解制取木糖 [J]. 浙江化工，1996，27(2)：27-31.

[130] Heinze T，Liebert T. Unconventional methods in cellulose functionalization [J]. Progress in Polymer Science，2001，26（9）：1689-1762.

[131] 许凤，钟新春，孙润仓，等. 秸秆中半纤维素的结构及分离新方法综述 [J]. 林产化学与工业，2005，25(S1)：179-182.

[132] Sun N，Rahman M，Qin Y，et al. Complete dissolution and partial delignification of wood in the ionic liquid1-ethyl-3-methylimidazolium acetate [J]. Green Chemistry，2009，11(5)：646-655.

[133] Lu Y，Sun Q F，Yang D J，et al. Fabrication of mesoporous lignocellulose aerogels from wood via cyclic liquid nitrogen freezing-thawing in ionic liquid solution [J]. Journal of Materials Chemistry，2012，22(27)：13548-13557.

[134] Sun N，Rahman M，Qin Y，et al. Complete dissolution and partial delignification of wood in the ionic liquid1-ethyl-3-methylimidazolium acetate [J]. Green Chemistry，2009，11(5)：646-655.

[135] Zakzeski J，Bruijnincx P C A，Jongerius A L，et al. The catalytic valorization of lignin for the production of renewable chemicals [J]. Chemical Reviews，2010，110(6)：3552-3599.

[136] Bozell J J，Holladay J E，Johnson D，et al. Top Value Added Candidates from Biomass，Volume Ⅱ：Results of Screening for Potential Candidates from Biorefinery Lignin；Pacific Northwest National Laboratory：Richland，WA，2007.

[137] Gargulak J D；Lebo S E. In Lignin：Historical，Biological，and Materials Perspectives；Glasser W G，Northy R A，Schultz T P，Eds.；ACS Symposium Series 740；American Chemical Society：Washington，DC，1999，304.

[138] Liitiä T M，Maunu S L，Hortling B，et al. Analysis of technical lignins by two-and three-dimensional NMR spectroscopy [J]. Journal of Agricultural and Food Chemistry，2003，51(8)：2136-2143.

[139] 卢芸，李坚，孙庆丰，等. 木质纤维素气凝胶在离子液体中的制备及表征[J]. 科技导报，2014，32(Z1)：30-33.

[140] 金春德，韩申杰，王进，等. 废报纸基纤维素气凝胶的绿色制备及其清理泄漏油污性能 [J]. 科技导报，2014，32(Z1)：40-44.

[141] Aaltonen O，Jauhiainen O. The preparation of lignocellulosic aerogels from ionic liquid solutions [J]. Carbohydrate Polymers，2009，75(1)：125-129.

[142] Li J，Lu Y，Yang D，et al. Lignocellulose aerogel from wood-ionic liquid solution(1-allyl-3-methylimidazolium chloride) under freezing and thawing conditions [J]. Biomacromolecules，2011，12 (5)：1860-1867.

第 2 章　纤维素/聚乳酸复合膜的制备与表征

作为人类生存和发展的重要物质基础，化石能源衍生品使用后的废弃品因在自然环境中难以生物降解导致严重的环境污染。因此，用可生物降解高分子原料替代化石能源衍生品是现代社会的共识，也是各国研究热点之一。迄今为止，在塑料、纤维、医用材料等很多工业领域，备受关注且有望取代化石能源衍生品的有三类绿色环保型高分子原料：天然合成高分子类（如纤维素、木质素、甲壳素等）；微生物合成高分子类（如细菌纤维素、聚羟基烷酸酯类等）；化学合成高分子类（包括可再生资源化学合成高分子如聚乳酸和石油原料合成高分子如聚酸酐）。

在上述三类生物可降解高分子原料中，纤维素和聚乳酸最具应用前景[1,2]。纤维素是由 D-葡萄糖以 β-1，4-糖苷键组成的线性聚糖高分子（图 2-1），具有可再生、可生物降解及可生物相容的独特优势，被视为自然界中取之不尽、用之不竭的天然绿色资源[3]。纤维素加工转化后，可替代石化基化学品在纺织、造纸、医药卫生、食品及涂料工业中的大量应用[4-9]。聚乳酸是由乳酸分子通过分子间羟基与羧基脱水聚合而成的脂肪族聚酯合成高分子（图 2-2）。聚乳酸产品具有可再生、可生物降解、可生物相容以及优良的抑菌及抗霉特性[9-10]。此外，聚乳酸还具有良好的拉伸强度及延展度，可用于生产各种塑料制品[11-13]，而且，聚乳酸塑料制品还具有与石化合成塑料制品（如聚乙烯、聚丙烯等）相媲美的基本物性。

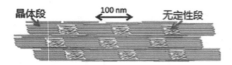

晶体段
100 nm
无定性段
纤维素微纤维：直径 2-20nm；长度为微米级
纳米晶纤维素（纤维素纳米晶须）：直径 8-20nm；长度为 500nm 至 1-2um 之间
HO
HO
OH
OH
O
HO
OH
HO
OH
n-2
HO
OH
OH
纤维素分子

图 2-1　纤维素的结构示意图

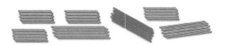

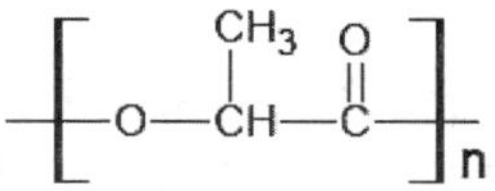

$$\left[-O-\underset{\underset{\displaystyle H}{|}}{C}-C-\right]_n$$

图 2-2　聚乳酸的结构示意图

尽管纤维素和聚乳酸具有上述诸多优点,但其制品至今仍未被广泛应用。天然纤维素由于自身聚集态结构的特点,不能熔融,也很难溶于常规溶剂,即加工性能差,这极大地限制了纤维素材料的开发和利用[1]。聚乳酸的最大障碍是其相对高昂的成本,另外存在硬度高、脆性大、耐热性差等缺点,加工性能也较差。但鉴于两者潜在的广阔应用前景,将纤维素与聚乳酸进行复合改性,制备生态友好型生物可降解纤维素/聚乳酸复合材料的研究备受重视[14-33]。现有研究的纤维素/聚乳酸复合材料主要有四类:第一类是天然植物纤维素/聚乳酸复合材料[14-19];第二类是细菌纤维素/聚乳酸复合材料[20,21];第三类是纳米纤维素/聚乳酸复合材料[22-28];第四类是纤维素衍生物/聚乳酸复合材料[29-31]。在第 1 章的 1.2.1 中已经介绍,这里不再赘述。

但目前的研究仍未解决如下问题:

(1) 现有的工艺和技术不能实现纤维素与聚乳酸均相复合(以分子状态均匀混合),复合材料中聚乳酸和纤维素呈现相分离状态(以固体状态混合,两者混合不均匀)(图 2-3),结果导致复合材料的性能改善十分有限,甚至性能下降(例如,材料卷曲变形、形貌不可控、抗拉强度降低等)。

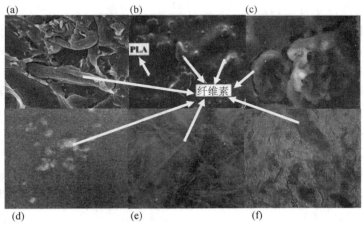

图 2-3　常见的聚乳酸/纤维素复合材料示例

(a)[18];(b)[21];(c)[17];(d)[29];(e)[22];(f)[25]

(2) 对如何通过调变溶剂的类型和组成调控纤维素与聚乳酸在同一溶剂溶解,如何从微观分子层面上调控纤维素/聚乳酸复合材料的性能,尚无深入系统的研究和清晰的认识。

（3）纤维素/聚乳酸复合材料中的聚乳酸用量太高，有的高达 90%～95%，成本依然居高不下，与石化基塑料相比远缺乏竞争力，其规模化应用仍受到限制。这些尚未解决的问题，不仅限制了人们科学制备高性能纤维素/聚乳酸均相复合材料，而且仍未充分利用价格低廉的纤维素，进而阻碍了纤维素材料在工农业领域的规模化应用。

为了克服目前研究工作和工业实践应用中存在的问题，制备性能改善的（例如，提高抗拉强度、断裂伸长率、可生物降解性能等）绿色环保型纤维素/聚乳酸均相复合材料，设计能够同时溶解纤维素和聚乳酸的溶剂体系，并采用切实可行的技术手段使两者从此溶剂中同时沉淀析出，且不会产生相分离（复合材料中各组分不能均匀混合，尤其不能以分子状态均匀混合，会显著降低复合材料的性能），是制备高性能纤维素/聚乳酸复合材料的关键科学问题。在解决关键科学问题的前提下，如能大幅增加复合材料中纤维素的用量，降低聚乳酸的用量，同时又能使两者优势互补，那么，复合材料的成本就会显著降低，其大规模替代化石能源衍生品就极具潜在可能性。

离子液体溶剂体系（包括纯离子液体及含有离子液体的溶剂）具有独特的可设计性，所需功能可通过微调其微观分子结构进行精确定向设计[33]。近年来的研究表明，通过对离子液体溶剂体系的精确定向设计，可以明显提高该溶剂体系对纤维素的溶解性能[33]。近 10 年来，我们课题组也一直从事离子液体溶剂体系构-效关系研究，在设计能够溶解纤维素等高分子的离子液体溶剂体系方面积累了丰富的经验，已成功设计出多系列功能化离子液体溶剂体系，能够实现温和条件下（常温常压）纤维素的高效溶解，显著优于传统纤维素溶剂[34-39]。但是，离子液体溶剂体系对疏水性聚乳酸的溶解性能及溶解机制，目前尚未见报道。有研究表明，离子液体可以用来溶解与聚乳酸具有相似性能的羟基丁酸-戊酸[40]和聚己酸内酯[41]。而且，离子液体溶剂体系是可以精准定向可设计的。这说明，极有可能实现纤维素及聚酸酯在离子液体溶剂体系中的同时溶解。

综合以上分析，本研究面向可替代化石能源衍生品的重要工业领域，拟针对一类具有广泛开发和应用前景的纤维素/聚乳酸复合材料的工业化均相制备问题，基于离子液体溶剂体系溶解性能的精准定向可设计性，通过对离子液体微观分子结构的精准定向设计，研究设计能够同时溶解纤维素与聚乳酸的溶剂体系，深入探索纤维素和聚乳酸的分子结构与溶剂体系相互作用机制，试图解决一直以来因"纤维素亲水、聚乳酸疏水"难以在同一溶剂中共同溶解的难题。同时，采用逐级沉淀析出技术，解决两者因亲、疏水性不同难以同时沉淀析出及相分离的难题，实现两者以分子状态均匀复合，得到性能改善的绿色环保型可生物降解的均相复合材料。利用谱学、核磁等手段,深入研究复合材料中纤维素与聚乳酸的相互作用机制及分布状态,及其与复合材料宏观性能的本质关系;研究并揭示组分比例对复合材料力学性能、生物可降解性能、生物相容性能等的影响。

2.1　实验部分

2.1.1　实验试剂及材料

主要实验试剂及材料见表 2-1。

表 2-1　主要实验试剂及材料

名称	纯度	生产厂家
1-丁基-3-甲基咪唑氯盐	分析纯	林州科能材料科技有限公司
冰乙酸	分析纯	天津市德恩化学试剂有限公司
五氧化二磷	98%	天津市恒兴化学试剂有限公司
N,N-二甲基甲酰胺(DMF)	分析纯	江苏强盛功能化学股份有限公司
无水乙醇	分析纯	天津市德恩化学试剂有限公司
分子筛 4A 型		天津市科密欧化学试剂有限公司
异丙醇	分析纯	天津市永大化学试剂有限公司
微晶纤维素(MCC)		阿法埃莎公司
离子交换树脂	99%	阿法埃莎公司
聚乳酸(PLA)	99%	阿拉丁公司
DMEM 培养基	99%	北京索莱宝科技有限公司
MTT	99%	北京索莱宝科技有限公司
胎牛血清	99%	浙江天杭生物科技股份有限公司

2.1.2　实验仪器

主要实验仪器见表2-2。

表2-2　主要实验仪器

名称	型号	生产厂家
磁力搅拌器	98-2	上海司乐仪器有限公司
PH计	PHS-3C	上海仪电科学仪器股份有限公司
旋转蒸发器	RE-52AA	上海亚荣生化仪器厂
真空干燥箱	DFZ-6020	上海精宏实验设备有限公司
集热式恒温磁力搅拌器	DF-101S	巩义予华仪器有限责任公司
电子天平	FA2004N	上海菁海仪器有限公司
电热鼓风干燥箱	DHG9076A	上海精宏实验设备有限公司
偏光显微镜	XPT-7	南京江南永新光学有限公司
固体核磁共振仪	Advance Ⅲ 400M	德国 Bruker
扫描电镜	JSM-5610LV	日本电子株式会社
X射线衍射仪	D8 Advanced	德国 Bruker AXS
傅里叶转换红外光谱仪	Nicolet Nexus	美国 Nicole 公司
综合热分析仪	DTA6300	日本精工株式会社
酶标仪	MR5000	上海天美生化仪器设备有限公司
二氧化碳培养箱	BPN-50CH	上海一恒科学仪器有限公司
微机控制电子万能试验机	WDW-10	济南一诺世纪试验仪器有限公司
电热式半自动平板硫化机	63T	成都力士液压制造有限公司

2.1.3　离子液体 1-丁基-3-甲基咪唑醋酸盐([Bmim]Ac) 的合成

将 1-丁基-3-甲基咪唑氯盐([Bmim]Cl)水溶液加入装有 OH 交换树脂的离子交换柱中交换得到[Bmim]OH 水溶液。按[Bmim]OH 与乙酸等物质的量比,将[Bmim]OH 水溶液与乙酸水溶液进行中和反应,得到[Bmim]Ac 溶液。用无定形三氧化二铝处理[Bmim]Ac 水溶液 2～3 次,再用旋转蒸发仪于 60℃下进行旋蒸,得到黏稠的[Bmim]Ac 离子液体。然后将[Bmim]Ac 离子液体转移到瓷制蒸发皿中,放在真空干燥箱中于 60℃条件下进行干燥,最后得到 [Bmim]Ac 离子液体,置于干燥器中备用。

2.1.4　纤维素/聚乳酸复合膜的制备

将 DMF 和聚乳酸加入比色管中,加盖并用生胶带密封,放入油浴锅中于 70℃下搅拌,使聚乳酸完全溶解。再加入纤维素和[Bmim]Ac 离子液体,在 40℃下搅拌,得到均一透明的溶液。将溶液倒入自制的玻璃模具中,将此模具放入培养皿中,加入无水乙醇,浸泡 12 h 后将无水乙醇倒出,再加入蒸馏水,反复漂洗 3~4 次,最后将此模具置于室温条件下自然晾干,得到纤维素与聚乳酸的复合膜。通过调整纤维素与聚乳酸的质量比,制得不同纤维素/聚乳酸质量比的复合膜 MCC/PLA(x：y),x：y 为纤维素与聚乳酸的质量比。纤维素/聚乳酸复合膜的制备流程示意图如图 2-4 所示。

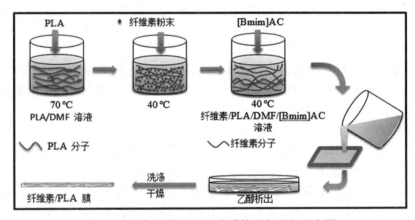

图 2-4　纤维素/聚乳酸复合膜的制备流程示意图

2.1.5　纯纤维素膜的制备

向盛有适量[Bmim]Ac/DMF＝1：1(g/g)溶剂的比色管中加入 8 个溶解度的纤维素,盖上盖子,用生胶带密封管口,并放入 40℃的恒温水浴中搅拌,得到均一透明的纤维素溶液。将溶液倒入自制的玻璃模具中,将此模具放入培养皿中,用无水乙醇浸泡,12 h 后将无水乙醇倒出,再加入蒸馏水,反复漂洗 3~4 次。最后将此模具置于室温条件下自然晾干,得到纯纤维素膜。

2.1.6 纯聚乳酸膜的制备

向盛有适量 DMF 的比色管中加入 8 个溶解度的聚乳酸,放入 70℃的恒温油浴中搅拌,得到均一透明的聚乳酸溶液。将溶液倒入自制的玻璃模具中,先在室温下自然静置 12 h,然后将此模具放入培养皿中,加蒸馏水浸泡 12 h(其中换水 3～4 次)。最后将蒸馏水倒出,放置于通风橱中自然晾干就得到纯聚乳酸膜。

2.1.7 纤维素/聚乳酸复合膜的表征

所制备样品的内部微观形貌利用扫描电子显微镜(SEM)观察。将样品膜在液氮中冷冻并脆断,用导电胶带粘贴到载物台上,在断口上喷金,对其断口进行扫描电镜观察并拍照记录。

样品的固体核磁碳谱用固体核磁共振仪测定。将质量为 100～200 mg 的样品研磨成细粉状,放入样品管中,在固体核磁共振仪上利用魔角旋转测出样品的碳谱,记录数据。

红外光谱技术是化合物分子结构鉴定的重要手段之一。用傅里叶变换红外光谱(FT-IR)仪来对样品进行表征。FT-IR 的分辨率为 4 cm^{-1},扫描次数为 16 次。波数范围选为 4000～500 cm^{-1},选用 KBr 压片法。

实验中选取大小合适、表面平整的样品膜,平整均匀地放在载物台中央。使用 Bruker D8 型 X 射线衍射仪进行 XRD 的表征。衍射角度 2θ 范围为 4°～60°。

采用综合热分析仪进行热重的表征与分析。将大约 10 mg 的样品放在铝制坩埚中,再放入内置天平上,等到天平稳定后从室温开始,以 10℃/min 的速率逐渐升温到 700℃,全程用 N_2 保护。以空失重曲线为基准,记录所测样品的失重曲线。

2.1.8 纤维素/聚乳酸复合膜的土埋生物降解

选取纤维素/聚乳酸(1:1)复合膜、纯纤维素膜以及纯聚乳酸膜做土埋生物降解实验。挖 20 cm 深的长方形实验田,铺上约 5 cm 厚的混合复合肥的土壤。将膜用尼龙窗纱包好置于其上,然后再用土完全掩埋。在实验田的表层撒上菜籽,周围围上篱笆。每天浇一次水(下雨天除外),保证实验田土壤始终处于湿润状态。样品总降解天数为 90 d,第 10 d、30 d、45 d、60 d、

90 d 时从实验田中把样品取出,清理掉样品表面的土壤,并用蒸馏水反复漂洗干净后冷冻干燥至恒重,用分析天平称重,并记录其质量,然后保存于干燥器中备用。实验用膜及实验用地如图 2-5 所示。

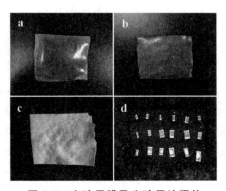

图 2-5 实验用膜及实验用地照片
(a)纯纤维素膜;(b)MCC/PLA(1∶1)复合膜;(c)纯聚乳酸膜;(d)实验用地

2.1.9 纤维素/聚乳酸复合膜的体外细胞培养

细胞培养实验选用 EC109 细胞,以 DMEM(含有胎牛血清)为培养基。将纤维素/聚乳酸复合膜裁成小圆片放入 96 孔板的孔中,将膜平整地铺于底部,每种比例的复合膜和空白对照均平行做六组,最终的实验数据取六组的平均值。将 EC109 细胞以 5000 个/孔的密度接种在空白对照组和复合膜组上,用枪头吹打细胞,以确保细胞以单层的方式接种在膜上。随后将 96 孔板置于细胞培养箱中于 37℃、5 vol%CO$_2$ 条件下培养。每两天更换一次新鲜的细胞培养液,总共培养时间为 7 d。

细胞增殖的测定采用目前国际通用的 MTT 法,分别于细胞接种后的 1 d、3 d、5 d、7 d 时进行测定。测定时首先弃掉原有的细胞培养液,每孔加入 180 μL 的新鲜细胞培养液,然后再加入 5 mg/mL 的 MTT 溶液 20 μL,置于细胞培养箱中于 37℃、5 vol%CO$_2$ 条件下继续培养 4 h。培养后细胞会与 MTT 结合生成蓝紫色甲瓒结晶,小心地将孔中液体吸取出来并弃掉,然后每孔中均加入 200 μL 的异丙醇,静置 20 min 后用酶标仪测定溶液在 570 nm 处的吸光度。

2.1.10 纤维素/聚乳酸复合膜的力学性能

将样品用标准裁刀(4 mm×75 mm)裁成 4 mm×75 mm 的哑铃状,实验前将样品放入盛有饱和氯化钠水溶液($RH=75\%$)的干燥器中进行调湿。依照塑料拉伸性能试验（GB-T1040.1-2006）做单轴向拉伸测试,恒定拉伸速率为 2 mm/min。测定前使用游标卡尺准确测量每个样品的厚度,每个样品平行测定 5 次,并求平均值作为最终数据。

2.1.11　纤维素/聚乳酸复合膜的热压缩实验

本实验所用的聚乳酸熔点为 155℃,微晶纤维素无熔点。选取 MCC/PLA(1∶1)的复合膜,以恒定 10 MPa 的压力、140℃的温度热压缩 10 min,然后在保持压力的条件下自然冷却至室温。选取两块 MCC/PLA(97∶3)复合膜,分别以恒定 10 MPa 的压力、140℃的温度,恒定 10 MPa 的压力、120℃的温度热压缩 10 min,然后在保持压力的条件下自然冷却至室温。对热压缩后的复合膜进行力学性能测定,测定方法同 2.1.10。

2.2　纤维素/聚乳酸复合膜的形貌分析

图 2-6 为纤维素/聚乳酸复合膜扫描电镜图。由图 2-6 可以看出,纯纤维素膜的断面比较致密均匀,纯聚乳酸膜的断面呈现粗糙多孔的结构。不同质量比的纤维素/聚乳酸复合膜的断面比较致密均匀,没有出现分相现象,表明纤维素和聚乳酸复合得较均匀。这可能是因为,在纤维素/聚乳酸/［Bmim］Ac/DMF 溶液中,纤维素与聚乳酸高分子均以分子状态均匀地分布于［Bmim］Ac/DMF 溶剂中,两者从溶剂中沉淀再生过程中,由于彼此相互干扰或缠绕,导致纤维素高分子（聚乳酸高分子）自身不能相互聚集,两者仍然以分子混合状态均匀地从溶剂中沉淀析出,不会产生相分离。也就是说,在纤维素/聚乳酸复合膜中,纤维素高分子与聚乳酸高分子均匀地分布在复合膜中（见图 2-6）。这种制备方法,比利用机械手段把两种物质熔融混合在一起,两相复合得更均匀。而且,价格相对较低廉的纤维素含量大大提高。通过这种方法制备的复合膜成本较低,综合性能也更加优越。

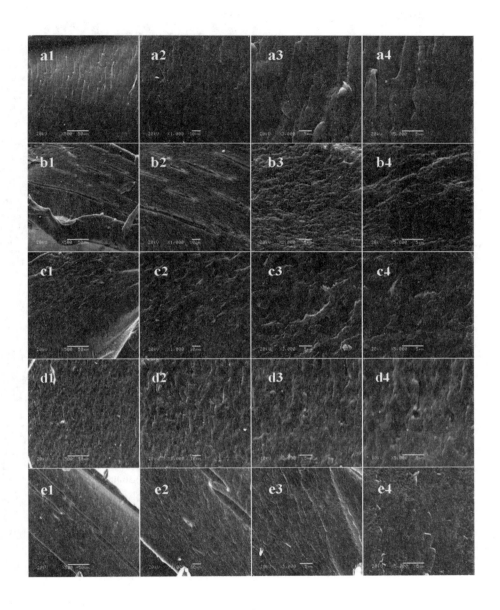

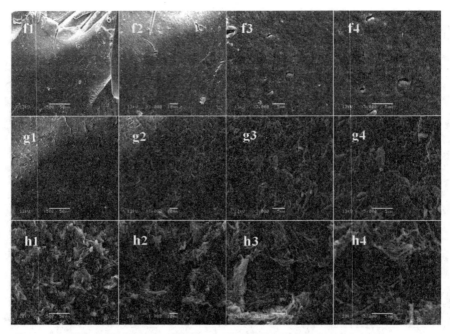

图 2-6　扫描电镜图:纯 MCC 膜断面,分别(a1)放大 500 倍,(a2)1000 倍,(a3)3000
倍,(a4)5000 倍;MCC/PLA(99∶1)复合膜断面,分别放大(b1)500 倍,(b2)1000
倍,(b3)3000 倍,(b4)5000 倍;MCC/PLA(97∶3)复合膜断面,分别放大(c1)500
倍,(c2)1000 倍,(c3)3000 倍,(c4)5000 倍;MCC/PLA(95∶5)复合膜断面,分别放
大(d1)500 倍,(d2)1000 倍,(d3)3000 倍,(d4)5000 倍;MCC/PLA(9∶1)复合膜断
面,分别放大(e1)500 倍,(e2)1000 倍,(e3)3000 倍,(e4)5000 倍;MCC/PLA(7∶3)
复合膜断面,分别放大(f1)500 倍,(f2)1000 倍,(f3)3000 倍,(f4)5000 倍;MCC/
PLA(1∶1)复合膜断面,分别放大(g1)500 倍,(g2)1000 倍,(g3)3000 倍,(g4)5000
倍;纯 PLA 膜断面,分别放大(h1)500 倍,(h2)1000 倍,(h3)3000 倍,(h4)5000 倍

2.3　纤维素/聚乳酸复合膜的固体核磁碳谱分析

　　图 2-7 是纯聚乳酸膜(RPLA)、MCC/PLA(1∶1)复合膜以及纯纤维素
膜(RMCC)的固体核磁共振碳谱。从固体核磁碳谱上可以看出,纯纤维素
膜和纯聚乳酸膜的固体核磁碳谱特征峰在纤维素/聚乳酸(1∶1)复合膜的
固体核磁碳谱上均出现,并且没有新峰出现。这表明,纤维素和聚乳酸在
〔Bmim〕Ac/DMF 溶剂溶解的过程中,纤维素和聚乳酸与溶剂之间以及纤
维素与聚乳酸之间均没有化学反应发生,纤维素和聚乳酸在溶剂中的溶解

均是物理过程。

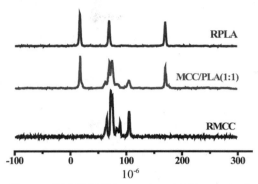

图 2-7　纯聚乳酸膜(RPLA)、MCC/PLA(1∶1)
复合膜及纯纤维素膜(RMCC)的固体核磁碳谱

2.4　纤维素/聚乳酸复合膜的红外谱图分析

纯聚乳酸膜、MCC/PLA(9∶1)、MCC/PLA(8∶2)、MCC/PLA(7∶3)、MCC/PLA(1∶1)复合膜以及纯纤维素膜的红外光谱如图 2-8 所示。从图 2-7 中可以看出,在 MCC/PLA 复合膜的谱图中,除纤维素与聚乳酸的峰之外,没有新峰出现。这进一步说明,纤维素和聚乳酸与溶剂之间,以及纤维素与聚乳酸之间均没有发生化学反应。这与固体碳核磁结果一致。出现在 $3350 \sim 3500$ cm^{-1} 的峰是纤维素中 O-H 键的伸缩振动峰。2905 cm^{-1} 处的吸收峰属于 C-H 伸缩振动,1465 cm^{-1} 处的峰属于 CH$_2$ 的变形振动峰。所有复合膜和纤维素膜在 1100 cm^{-1} 附近均出现了 C-O-C 的对称伸缩振动吸收峰,并且都十分明显。这表明,在复合膜制备的过程中,纤维素高分子结构没有被破坏。此外,从图 2-8 中还可以看出,随着复合膜中聚乳酸含量的增加,纤维素的羟基伸缩振动峰向低波数移动,聚乳酸的羰基吸收峰向高波数移动。这表明,在纤维素/聚乳酸复合膜中,纤维素羟基上的氢原子与聚乳酸羰基上的氧原子形成了氢键。

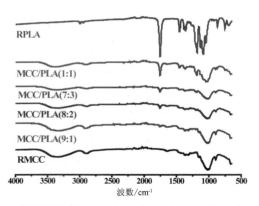

图 2-8 纯聚乳酸膜、MCC/PLA（9∶1）、MCC/PLA（8∶2）、
MCC/PLA（7∶3）、MCC/PLA（1∶1）复合膜以及纯纤维素膜的红外光谱图

2.5 纤维素/聚乳酸复合膜的 XRD 分析

纯聚乳酸膜、纤维素/聚乳酸复合膜以及纯纤维素的 XRD 图谱如图 2-9 所示。从图 2-9 中可以看出，纤维素膜的典型衍射峰为 $2\theta = 16.5°$、$22.5°$、$34.5°$。聚乳酸膜的典型衍射峰为 $2\theta = 17.2°$、$19.3°$。但是，在纤维素/聚乳酸复合膜中，纤维素和聚乳酸的衍射峰全部消失。这说明，复合膜中的纤维素和聚乳酸呈无定形状态。这可能是因为，纤维素与聚乳酸从［Bmim］Ac/DMF 溶剂中沉淀再生的过程中，两者相互干扰或缠绕，从而阻碍纤维素（聚乳酸）的再结晶。

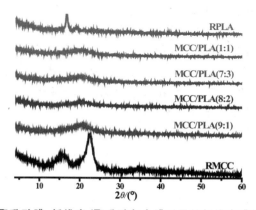

图 2-9 纯聚乳酸膜、纤维素/聚乳酸复合膜以及纯纤维素膜的 XRD 谱图

2.6　纤维素/聚乳酸复合膜的热重分析

纯纤维素膜、纤维素/聚乳酸复合膜以及纯聚乳酸膜的热重曲线如图 2-10 所示。从图 2-10 中可以看出,纯纤维素膜的热分解温度为 220℃,纯聚乳酸膜的热分解温度为 332℃。而 MCC/PLA(9∶1)复合膜的热分解温度为 293℃,MCC/PLA(7∶3)复合膜的热分解温度为 262℃,MCC/PLA(1∶1)复合膜的热分解温度为 244℃。由此可见, MCC/PLA(9∶1)、MCC/PLA(7∶3)、MCC/PLA(1∶1)复合膜的热分解温度均高于纯纤维素膜的热分解温度,低于纯聚乳酸膜的热分解温度。这说明,将聚乳酸与纤维素复合,可提高复合膜的热分解温度。但是,随着复合膜中聚乳酸含量的增加,复合膜的热分解温度反而降低。这说明,进一步增加复合膜中聚乳酸的含量反而会降低复合膜的热稳定性。

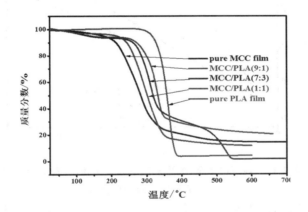

图 2-10　纯纤维素膜、纤维素/聚乳酸复合膜以及纯聚乳酸膜的热重曲线

2.7　纤维素/聚乳酸复合膜的土埋生物降解分析

图 2-11 是纯纤维素膜、纯聚乳酸膜和纤维素/聚乳酸(1∶1)复合膜的降解率随降解时间的变化曲线。从图 2-11 中可以看出,三种膜的降解率随时间的延长均增大。这说明,三种膜在土壤中均能够降解。而且,45 d 时复合膜完全降解,降解率达到 100%。这说明,纤维素与聚乳酸复合后,降

解速率显著增加。这是因为,纯纤维素膜和纯聚乳酸膜呈结晶状态(见图
2-8),纤维素(聚乳酸)高分子之间结合致密,在土埋实验条件下,水分子及
细菌很难进入纤维素(聚乳酸)分子之间,导致高分子链水解或降解。从
图 2-11 中还可以看出,与纤维素膜相比,聚乳酸膜的降解率更低。这主要
是因为,聚乳酸是"憎水性高分子",纤维素是"亲水性高分子","亲水性"的
纤维素比"憎水性"的聚乳酸更易水解或降解。而且,从图 2-11 中可以明显
地看出,与纯纤维素膜和纯聚乳酸膜相比,复合膜中的纤维素高分子及聚乳
酸高分子呈无定形状态。由于复合膜中"亲水性"纤维素高分子的存在,使
复合膜具有一定的亲水性。这些因素均有利于水分子溶入复合膜的高分子
内,从而促进这两种高分子的水解。同时,土壤中的微生物以及细菌、真菌
的大量繁殖,进一步加速复合膜的腐蚀,甚至被完全降解。

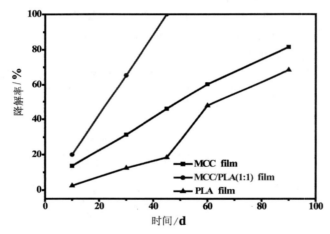

图 2-11　纯纤维素膜、纯聚乳酸膜和纤维素/聚乳酸(1∶1)
复合膜的降解率随降解时间的变化曲线

　　纯纤维素膜,纤维素/聚乳酸(1∶1)复合膜及纯聚乳酸膜土埋降解不同
天数的 SEM 图分别见图 2-12～图 2-14。从图 2-12～图 2-14 中可以直观地
看出,随着降解时间的延长,膜表面的腐蚀越来越严重。

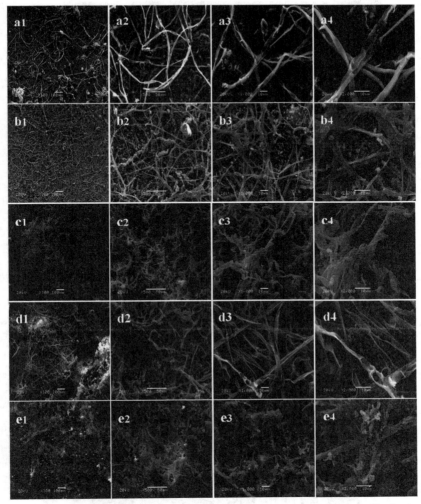

图 2-12　纯纤维素膜表面 SEM 图:降解 10 d 时,分别放大(a1)100 倍,(a2)
500 倍,(a3)1000 倍,(a4)2000 倍;降解 30 d 时,分别放大(b1)100 倍,(b2)500
倍,(b3)1000 倍,(b4)2000 倍;降解 45 d 时,分别放大(c1)100 倍,(c2)500 倍,
(c3)1000 倍,(c4)2000 倍;降解 60 d 时,分别放大(d1)100 倍,(d2)500 倍,
(d3)1000 倍,(d4)2000 倍;降解 90 d 时,分别放大(e1)100 倍,(e2)500 倍,
(e3)1000 倍,(e4)2000 倍

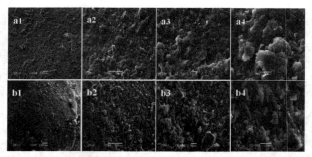

图 2-13　纤维素/聚乳酸(1∶1)复合膜表面 SEM 图:降解 10 d 时,分别放大(a1)100 倍,(a2)500 倍,(a3)1000 倍,(a4)2000 倍;降解 30 d 时,分别放大(b1)100 倍,(b2)500 倍,(b3)1000 倍,(b4)2000 倍

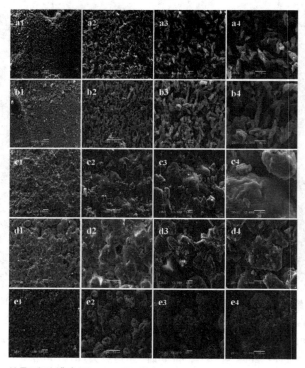

图 2-14　纯聚乳酸膜表面 SEM 图:降解 10 d 时,分别放大(a1)100 倍,(a2)500 倍,(a3)1000 倍,(a4)2000 倍;降解 30 d 时,分别放大(b1)100 倍,(b2)500 倍,(b3)1000 倍,(b4)2000 倍;降解 45 d 时,分别放大(c1)100 倍,(c2)500 倍,(c3)1000 倍,(c4)2000 倍;降解 60 d 时,分别放大(d1)100 倍,(d2)500 倍,(d3)1000 倍,(d4)2000 倍;降解 90 d 时,分别放大(e1)100 倍,(e2)500 倍,(e3)1000 倍,(e4)2000 倍

2.8　纤维素/聚乳酸复合膜的体外细胞培养分析

　　纤维素/聚乳酸复合膜体外细胞培养吸光度随培养时间的变化曲线如图 2-15 所示。该曲线以接种后第 1、3、5、7 d 的 MTT 数据来表示。同时，作为对照，图中还示出了相同取样时间、相同培养条件下接种在纯纤维素膜，以及直接接种在 96 孔板上的细胞增殖曲线。吸光度随着培养时间的增加而增加，表示 EC109 细胞随着培养时间的延长而不断增殖，将 MTT 转变为更多的甲瓒结晶。

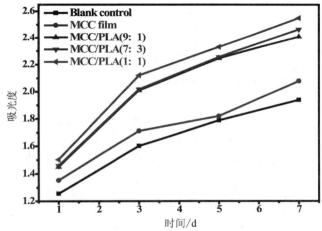

**图 2-15　纤维素/聚乳酸复合膜体外细胞培养吸光度
随培养时间的变化曲线**

　　从图 2-15 中可以看出，纯纤维素膜和纤维素/聚乳酸复合膜上的细胞增殖均优于空白对照组，并且随着复合膜中聚乳酸含量的增加，细胞增殖也越来越好。这表明，在复合膜和纯纤维素膜上的细胞均能够良好增殖，纤维素和聚乳酸均对细胞增殖起促进作用，并且聚乳酸比纤维素对 EC109 细胞的增殖促进作用更明显。这可能是因为，MCC 和 PLA 本身无毒无害，可以作为细胞繁殖的载体，为细胞提供生长繁殖必要的营养成分和生存环境。经过复合后，MCC/PLA 复合膜仍然保留着良好的生物相容性，并不会因为复合作用而导致生物相容性的丧失。这一研究成果，为 MCC/PLA 复合膜在医学领域的进一步应用提供了可靠的参考依据。

2.9 纤维素/聚乳酸复合膜的力学性能分析

纯纤维素膜及纤维素/聚乳酸复合膜的拉伸强度如图 2-16 所示。从图 2-16 中可以明显看出,随着复合膜中聚乳酸含量的增加,复合膜的拉伸强度不断增大。MCC/PLA(97∶3)复合膜的拉伸强度达到最大值,然后逐渐减小。而且,复合膜中少量聚乳酸对复合膜的拉伸强度具有显著增强作用。但当聚乳酸含量继续增加时,这种增强作用逐渐减弱。

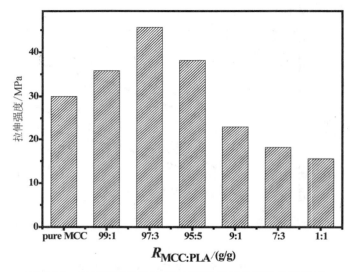

图 2-16 纯纤维素膜及纤维素/聚乳酸复合膜的拉伸强度

纯纤维素膜及纤维素/聚乳酸复合膜的断裂伸长率如图 2-17 所示。从图 2-17 中可以看出,纯纤维素膜的断裂伸长率较低。复合膜的断裂伸长率随着复合膜中聚乳酸含量的不断增加呈现不断增加的趋势。这说明,聚乳酸的添加可以增强复合膜的柔韧性。

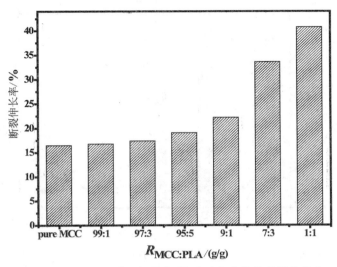

图 2-17   纯纤维素膜及纤维素/聚乳酸复合膜的断裂伸长率

2.10   热压缩对纤维素/聚乳酸复合膜力学性能的影响分析

MCC/PLA(97∶3)复合膜以及 MCC/PLA(1∶1)复合膜热压缩前后拉伸强度及断裂伸长率对比分别见图 2-18 和图 2-19。

从图 2-18 中可以明显看出,经过 10 MPa、140℃热压缩后,MCC/PLA(1∶1)复合膜的拉伸强度为 19.71 MPa,比未经过热压缩处理的原始复合膜增强了 4.18 MPa。未经过热压缩处理的 MCC/PLA(97∶3)复合膜拉伸强度为 45.62 MPa,经过 10 MPa、120℃热压缩后,拉伸强度增至 46.58 MPa,经过 10 MPa、140℃热压缩后拉伸强度增至 48.42 MPa。可见,所有复合膜经过热压缩后,拉伸强度较未经过热压缩处理的复合膜都有所增强。这可能是因为,经过热压缩处理后,聚乳酸分子在复合体系中重新分布,复合膜更加密实。此外,从图 2-18 中可以看出,不同质量比的 MCC/PLA 复合膜经过热压缩处理后,断裂伸长率有所增加。这说明,热压缩可增强复合膜的柔韧性。

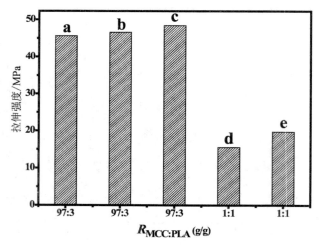

图 2-18　热压缩前后 MCC/PLA 复合膜的拉伸强度：(a)原 MCC/PLA(97：3)复合膜；(b)经过 120℃,10 MPa 热压缩后的 MCC/PLA(97：3)复合膜；(c)经过 140℃,10 MPa 热压缩后的 MCC/PLA(97：3)复合膜；(d)原 MCC/PLA(1：1)复合膜；(e)经过 140℃,10 MPa 热压缩后的 MCC/PLA(1：1)复合膜

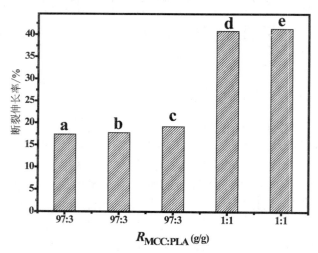

图 2-19　热压缩前后 MCC/PLA 复合膜的断裂伸长率：(a)原 MCC/PLA(97：3)复合膜；(b)经过 120℃,10 MPa 热压缩后的 MCC/PLA(97：3)复合膜；(c)经过 140℃,10 MPa 热压缩后的 MCC/PLA(97：3)复合膜；(d)原 MCC/PLA(1：1)复合膜；(e)经过 140℃,10 MPa 热压缩后的 MCC/PLA(1：1)复合膜

2.11　结　　论

本章以纤维素和聚乳酸为原料,[Bmim]Ac/DMF 为溶剂制得了均相的纤维素/聚乳酸复合膜。通过改变聚乳酸在复合膜中的质量分数,制得不同质量比的纤维素/聚乳酸复合膜。利用先进的表征测试手段对复合膜的化学结构、结晶状态、热稳定性、力学性能以及微观形貌等进行了表征与分析。此外,做了土埋生物降解实验、体外细胞培养实验和热压缩处理实验,测出了不同质量比复合膜的生物降解性、细胞相容性以及热压缩后的力学性能等。主要结论如下:

(1)[Bmim]Ac/DMF 复合溶剂体系可以有效地同时溶解纤维素和聚乳酸,并形成均一透明的溶液。溶液通过在模具中铺膜、再生,可以简便有效地制得纤维素/聚乳酸均相复合膜。并且通过调控纤维素与聚乳酸的质量比使价格相对低廉的纤维素用量大大增加,降低复合膜生产成本,为复合膜的进一步推广应用奠定基础。

(2)扫描电镜照片显示,纤维素和聚乳酸复合后没有分相或团聚,所形成的复合膜是均相复合膜。红外和固体核磁碳谱结果表明,纤维素和聚乳酸成功复合在一起,且在复合及再生的过程中与溶剂均没有发生化学反应也没有新物质生成。XRD 图谱表明,再生复合膜的晶型结构与原料相比发生了较大的变化,MCC 在复合的过程中部分结晶区转变为无定型区。热重分析结果表明,不同质量比复合膜的热稳定性均比原料 MCC 的高但都低于原料 PLA,而且随着复合膜中 PLA 质量分数的不断增加,热稳定性有所降低。

(3)室外土埋生物降解实验表明,纤维素/聚乳酸复合膜和纯纤维素膜以及纯聚乳酸膜均可以自然降解,且随着降解时间的增加,降解率均逐渐增大。其中,MCC/PLA(1∶1)复合膜在 45 d 时可以被完全降解掉。

(4)体外细胞培养试验表明,EC109 细胞在纯纤维素膜和不同质量比的 MCC/PLA 复合膜上均可以良好增殖。纤维素和聚乳酸对细胞增殖均起到促进作用并且随着聚乳酸含量的不断增加,这种促进作用更加明显。

(5)力学性能测试结果表明,随着聚乳酸含量的不断增加复合膜的拉伸强度先增大后降低。MCC/PLA(97∶3)复合膜的拉伸强度达到最大。复合膜的断裂伸长率随着聚乳酸含量的增加而不断增大,聚乳酸的加入对复合膜的柔韧性起到促进作用。

(6)热压缩实验表明,热压缩处理可增强复合膜的拉伸强度与断裂伸长率。热压缩温度的升高对复合膜的拉伸强度与断裂伸长率均具有一定的增强作用,但影响较小。

参 考 文 献

［1］Ragauskas A J，Williams C K，Davison B H，et al. The path forward for biofuels and biomaterials ［J］. Science，2006，311（5760）：484-489.

［2］Nampoothiri K M，Nair N R，John R P. An overview of the recent developments in polylactide （PLA） research ［J］. Bioresource Technology，2010，101（22）：8493-8501.

［3］Devi R，Dhar P，Kalamdadh A，et al. Fabrication of cellulose nanocrystals from agricultural compost ［J］. Compost Science & Utilization，2015，23（2）：104-116.

［4］Edgar K J，Buchanan C M，Debenham J S，et al. Advances in cellulose ester performance and application ［J］. Progress in Polymer Science，2001，26（9）：1605-1688.

［5］Kadokawa J，Murakami M，Kaneko Y. A facile preparation of gel materials from a solution of cellulose in ionic liquid ［J］. Carbohydrate Research，2008，343（4）：769-772.

［6］Moutos F T，Freed L E，Guilak F. A biomimetic three-dimensional woven composite scaffold for functional tissue engineering of cartilage ［J］. Nature Materials，2007，6（2）：162-167.

［7］Mooney D J，Silva E A，A glue for biomaterials ［J］. Nature Materials，2007，6（5）：327-328.

［8］Coviello T，Matricardi P，Marianecci C，et al. Polysaccharide hydrogels for modified release formulations ［J］. Journal of Controlled Release，2007，119（1）：5-24.

［9］Huda M S，Drzal L T，Mohanty A K，et al. Effect of fiber surface-treatments on the properties of laminated biocomposites from poly （lactic acid） （PLA） and kenaf fibers ［J］. Composites Science and Technology，2008，68（2）：424-432.

［10］Lee S Y，Kang I，Doh G H，et al. Thermal and mechanical properties of wood flour/talc-filled polylactic acid composites：effect of filler content and coupling treatment [J]. Journal of Thermoplastic Composite Materials, 2008, 21(3): 209-223.

[11] Sawpan M A, Pickering K L, Fernyhough A. Hemp fibre reinforced poly (lactic acid) composites [J]. Advanced Materials Research, 2007, 29-30: 337-340.

[12] Hu R, Lim J K. Fabrication and mechanical properties of completely biodegradable hemp fiber reinforced polylactic acid composites [J]. Journal of Composite Materials, 2007, 41(13): 1655-1669.

[13] Graupner N, Herrmann A S, Müssig J. Natural and man-made cellulose fibre-reinforced poly (lactic acid) (PLA) composites: An overview about mechanical characteristics and application areas [J]. Composites Part A: Applied Science and Manufacturing, 2009, 40 (6 — 7): 810-821.

[14] Oksman K, Skrifvars M, Selin J F. Natural fibers as reinforcement in polylactic acid (PLA) composites [J]. Composites Science and Technology, 2003, 63(9): 1317-1324.

[15] Bulota M, Budtova T. Highly porous and light-weight flax/PLA composites [J]. Industrial Crops and Products, 2015, 74: 132-138.

[16] Nishino T, Hirao K, Kotera M, et al. Kenaf reinforced biodegradable composite [J]. Composites Science and Technology, 2003, 63 (6): 1281-1286.

[17] Plackett D, Andersen T L, Pedersen W B, et al. Biodegradable composites based on L-polylactide and jute fibres [J]. Composites Science and Technology, 2003, 63(9):1287-1296.

[18] Lee S H, Wang S Q. Biodegradable polymers/bamboo fiber biocomposite with bio-based coupling agent [J]. Composites Part A, 2006, 37(1): 80-91.

[19] Sukmawan R, Takagi H, Nakagaito A N. Strength evaluation of cross-ply green composite laminates reinforced by bamboo fiber [J]. Composites Part B, 2016, 84: 9-16.

[20] Paximada P, Tsouko E, Kopsahelis N, et al. Bacterial cellulose as stabilizer of o/w emulsions [J]. Food Hydrocolloids, 2016, 53: 225-232.

[21] Luddee M, Pivsa-Art S, Sirisansaneeyakul S, et al. Particle size of ground bacterial cellulose affecting mechanical, thermal, and moisture

barrier properties of PLA/BC biocomposites [J]. Energy Procedia, 2014, 56: 211-218.

[22] Oksman K, Mathew A P, Bondeson D, et al. Manufacturing process of cellulose whiskers/polylactic acid nanocomposites [J]. Composites Science and Technology, 2006, 66(15): 2776-2784.

[23] Petersson L, Kvien I, Oksman K. Structure and thermal properties of poly (lactic acid)/cellulose whiskers nanocomposite materials [J]. Composites Science and Technology, 2007, 67(11−12): 2535-2544.

[24] Jonoobi M, Harun J, Mathew A P, et al. Mechanical properties of cellulose nanofiber (CNF) reinforced polylactic acid (PLA) prepared by twin screw extrusion [J]. Composites Science and Technology, 2010, 70 (12): 1742-1747.

[25] Iwatake A, Nogi M, Yano H. Cellulose nanofiber-reinforced polylactic acid [J]. Composites Science and Technology, 2008, 68(9): 2103-2106.

[26] Nakagaito A N, Fujimura A, Sakai T, et al. Production of microfibrillated cellulose (MFC)-reinforced polylactic acid (PLA) nanocomposites from sheets obtained by a papermaking-like process [J]. Composites Science and Technology, 2009, 69(7−8): 1293-1297.

[27] Suryanegara L, Nakagaito A N, Yano H. The effect of crystallization of PLA on the thermal and mechanical properties of microfibrillated cellulose-reinforced PLA composites [J]. Composites Science and Technology, 2009, 69(7−8): 1187-1192.

[28] Wang T, Drzal L T. Cellulose-nanofiber-reinforced poly (lactic acid) composites prepared by a water-based approach [J]. ACS Applied Materials & Interfaces, 2012, 4(10): 5079-5085.

[29] Qian S P, Sheng K C. PLA toughened by bamboo cellulose nanowhiskers: role of silane compatibilization on the PLA bionanocomposite properties [J]. Composites Science and Technology, 2017, 148: 59-69.

[30] Teramoto Y, Nishio Y. Cellulose diacetate-graft-poly (lactic acid) s: synthesis of wide-ranging compositions and their thermal and mechanical properties [J]. Polymer, 2003, 44(9): 2701-2709.

[31] Teramoto Y, Nishio Y. Biodegradable cellulose diacetate-graft-poly(l-lactide)s:? enzymatic hydrolysis behavior and surface morphologi-

cal characterization [J]. Biomacromolecules, 2004, 5(2): 407-414.

[32] Ogata N, Tatsushima T, Nakane K, et al. Structure and physical properties of cellulose acetate/poly(L-lactide) blends [J]. Journal of Applied Polymer Science, 2002, 85(6): 1219-1226.

[33] Wang H, Gurau G, Rogers R D. Ionic liquid processing of cellulose [J]. Chemical Society Reviews, 2012, 41(4): 1519-1537.

[34] Xu A R, Wang J J, Wang H Y. Effects of anionic structure and lithium salts addition on the dissolution ofcellulose in 1-butyl-3-methylimidazolium-based ionic liquid solvent systems [J]. Green Chemistry, 2010, 12(2): 268-275.

[35] Xu A R, Zhang Y J, Zhao Y, et al. Cellulose dissolution at ambient temperature: role of preferential solvation of cations of ionic liquids by a cosolvent [J]. Carbohydrate Polymers, 2013, 92(1): 540-544.

[36] Xu A R, Cao L L, Wang B J. Facile cellulose dissolution without heating in [C₄mim][CH₃COO]/DMF solvent [J]. Carbohydrate Polymers, 2015, 125: 249-254.

[37] Xu A R, Guo X, Xu R. Understanding the dissolution of cellulose in1-butyl-3-methylimidazolium acetate + DMAc solvent [J]. International Journal of Biological Macromolecules, 2015, 81: 1000-1004.

[38] Zhang Y J, Xu A R, Lu B L, et al. Dissolution of cellulose in 1-allyl-3-methylimizodalium carboxylatesat room temperature: A structure-property relationship study [J]. Carbohydrate Polymers, 2015, 117: 666-672.

[39] Lu B L, Xu A R, Wang J J. Cation does matter: how cationic structure affects the dissolution of cellulose in ionic liquids [J]. Green Chemistry, 2014, 16(3): 1326-1335.

[40] Hameed N, Guo Q P, Tay F H. Blends of cellulose and poly (3-hydroxybutyrate-co-3-hydroxyvalerate) prepared from the ionic liquid 1-butyl-3-methylimidazolium chloride [J]. Carbohydrate Polymers, 2011, 86(1): 94-104.

[41] Xiong R Y, Hameed N, Guo Q P. Cellulose/polycaprolactone blends regenerated from ionic liquid 1-butyl-3-methylimidazolium chloride [J]. Carbohydrate Polymers, 2012, 90(1): 575-582.

第3章 纤维素/聚甲基丙烯酸甲酯复合膜的制备与表征

随着化石能源的枯竭和环境恶化,符合可持续发展要求的可再生资源及绿色环保型资源的利用日益受到重视。甲基纤维素(MC)是纤维素的一种,甲基纤维素中约有1/3的羟基被甲氧基取代,甲氧基连接于高分子链上的每一个葡萄糖酐单元[1-3]。由于甲基纤维素良好的溶解性、成膜性以及可生物降解性等,甲基纤维素作为纤维素的衍生物在诸如化工和建筑等传统行业方面应用广泛[3-6]。此外,甲基纤维化学性质稳定,具有耐酸、碱、微生物、热等优良特性并且无毒无害,因此在食品添加剂领域也崭露头角[4-7]。然而甲基纤维素作为单一基团、絮凝性结构不牢固,纯甲基纤维素膜拉伸强度、断裂伸长率以及抗冲击强度较差,不能满足工业需求[8-10],这些缺点限制了甲基纤维素的进一步利用。

聚甲基丙烯酸甲酯(PMMA)是以丙烯酸及其酯类物质为原料通过聚合反应所制得的聚合物,属于丙烯酸类树脂的一种[11-13]。聚甲基丙烯酸甲酯相较其他高聚酯具有更加良好的透明度、极好的化学稳定性、优良的溶解性、成膜性和耐候性等[14,15]。聚甲基丙烯酸甲酯是目前质地最优异、价格较合理的合成透明材料,在国民经济的各个领域都有所应用。聚甲基丙烯酸甲酯机械加工性能好,加工温度范围宽,其型材加工方便[15,16],因此在汽车工业以及其他诸多工业领域有许多应用。此外,聚甲基丙烯酸甲酯树脂是无毒环保的材料[16,17],可用于生产餐具、卫生洁具等,在生活用品制造以及医药行业等也有广泛的应用。但是,聚甲基丙烯酸甲酯也有许多缺点。聚甲基丙烯酸甲酯质脆、易开裂,表面硬度低,易于被擦伤而失去光泽[18-20]。聚甲基丙烯酸甲酯在成型加工时对温度的变化很敏感,需要较为苛刻的工艺条件,操作复杂。这些缺陷大大限制了聚甲基丙烯酸甲酯的应用。

根据文献调研,至今未见有MC/PMMA复合材料的报道。因此,本章利用六氟异丙醇为溶剂,溶解MC和PMMA,通过改变MC与PMMA的质量比,制备出不同比例的MC/PMMA复合膜。采用扫描电镜(SEM)、固体碳核磁、X射线衍射(XRD)以及热重分析(TGA)表征手段,对MC/PM-

MA 复合膜的形貌结构和热性质进行研究,并考察 MC/PMMA 质量比对复合膜的抗拉强度和断裂伸长率的影响。同时,选取其中一个比例的复合膜,研究 MC/PMMA 复合膜的可回收性。另外,还研究热压缩处理对复合膜的抗拉强度和断裂伸长率的影响,通过水溶性实验直观地展现出 MC/PMMA 复合膜在蒸馏水中的情况,研究了不同 MC 含量对复合膜耐水性的影响。

3.1　实验部分

3.1.1　实验试剂及材料

主要实验试剂见表 3-1。

表 3-1　主要实验试剂

名称	纯度	生产厂家
甲基纤维素(MC)	分析纯	阿法埃莎公司
聚甲基丙烯酸甲酯(PMMA)	99%	山东西亚试剂有限公司
六氟异丙醇	99.5%	阿拉丁生化科技股份有限公司

3.1.2　实验仪器

主要实验仪器见表 3-2。

表 3-2　主要实验仪器

名称	型号	生产厂家
磁力搅拌器	98-2	上海司乐仪器有限公司
电子天平	FA2004N	上海菁海仪器有限公司
X 射线衍射仪	D8 Advanced	德国 Bruker AXS
固体核磁共振仪	Advance Ⅲ 400M	德国 Bruker

名称	型号	生产厂家
综合热分析仪	DTA6300	日本精工株式会社
微机控制电子万能试验机	WDW-10	济南一诺世纪试验仪器有限公司
扫描电镜	JSM-5610LV	日本电子株式会社
电热式半自动平板硫化机	63T	成都力士液压制造有限公司

3.1.3　纤维素/PMMA 复合膜的制备

在放有磁转子的比色管中加入一定量的六氟异丙醇、MC 和 PMMA,盖上盖子在室温下搅拌,最终得到均一透明的溶液。溶液在通风橱中静置 2 h 以确保溶液中的气泡挥发完全,然后将溶液倒入自制模具中并将模具放在通风橱中已调平的天平上自然晾干即得复合膜。通过调整 MC 与 PMMA 的质量比制得不同 MC/PMMA 质量比的复合膜 MC/PMMA(x ∶ y),x ∶ y 为 MC 与 PMMA 的质量比。

3.1.4　纤维素/PMMA 复合膜的表征

所制备样品的内部微观形貌利用扫描电子显微镜(SEM)观察。将样品膜在液氮中冷冻并脆断,用导电胶带粘贴到载物台上,在断口上喷金,对其断口进行扫描电镜观察并拍照记录。

样品的固体核磁碳谱用固体核磁共振仪测定。将质量为 100~200 mg 的样品研磨成细粉状,放入样品管中,在固体核磁共振仪上利用魔角旋转测出样品的碳谱,记录数据。

实验中选取大小合适,表面平整的样品膜,平整均匀地放在载物台中央。使用 Bruker D8 型 X 射线衍射仪进行 XRD 的表征。衍射角度 2θ 范围为 4°~60°。

采用综合热分析仪进行热重的表征与分析。将大约 10 mg 的样品放在铝制坩埚中,再放入内置天平上,等到天平稳定后从室温开始,以 10℃/min 的速率逐渐升温到 700℃,全程用 N_2 保护。以空失重曲线为基准,记录所测样品的失重曲线。

3.1.5　纤维素/PMMA 复合膜的力学性能

将样品用标准裁刀(4 mm×75 mm)裁成 4 mm×75 mm 的哑铃状,实验前将样品放入盛有饱和氯化钠水溶液(RH＝75%)的干燥器中进行调湿。依照塑料拉伸性能试验(GB/T1040.1 2006)做单轴向拉伸测试,恒定拉伸速率为 2 mm/min。测定前使用游标卡尺准确测量每个样品的厚度,每个样平行测定 5 次,并求平均值作为最终数据。

3.1.6　纤维素/PMMA 复合膜的热压缩实验

本实验所用的 PMMA 熔点为 105℃,MC 无熔点。选取 MC/PMMA (1∶1)的复合膜以恒定 10 MPa 的压力、90℃的温度热压缩 10 min 然后在保持压力的条件下自然冷却至室温。选取两块一模一样的 MC/PMMA＝ (97∶3)复合膜分别以恒定 10 MPa 的压力、90℃和 70℃的温度热压缩 10 min 然后在保持压力的条件下自然冷却至室温。对热压缩后的复合膜进行力学性能的测定,测定方法同 3.1.5。

3.1.7　纤维素/PMMA 复合膜的回收实验

将成品 MC/PMMA(1∶1)复合膜溶于六氟异丙醇中,并重新再生成 MC/PMMA(1∶1)复合膜,实现对 MC/PMMA 复合膜的回收。对重新再生的 MC/PMMA(1∶1)复合膜进行力学性能测定(测定方法同 3.1.5),并与原始 MC/PMMA(1∶1)复合膜进行对比。

3.1.8　纤维素/PMMA 复合膜的耐水性实验

选取相同质量的 MC/PMMA(1∶1)、MC/PMMA(3∶7)、MC/PM-MA(1∶9)三种复合膜,分别放入盛有相同质量蒸馏水的 50 mL 比色管中,在室温下进行搅拌。4 h 后,观察比色管中不同 MC/PMMA 复合膜的情况,并拍照记录。

3.2 纤维素/PMMA 复合膜的微观形貌分析

纯纤维素膜及 MC/PMMA 复合膜的扫描电镜如图 3-1 所示。从图 3-1 中可以看出,纯纤维素膜均匀致密。当 MC/PMMA 复合膜中 PMMA 添加量较小时,MC/PMMA 复合膜两相复合较均匀,没有出现团聚与分相现象。但在 MC/PMMA(7∶3)复合膜中,PMMA 开始出现较为明显的团聚现象。在 MC/PMMA(3∶7)复合膜中,可以明显地看到,出现了大量的孔洞。这可能是因为,当 PMMA 含量较低时,在成膜的过程中,PMMA 高分子与 MC 高分子,以分子状态彼此缠绕在一起,复合较均匀。而当 PMMA 添加量大时,由于 PMMA 分子在 MC 基体中的运动受阻,导致 PMMA 高分子彼此聚集,从而出现不同程度的团聚与孔洞结构。

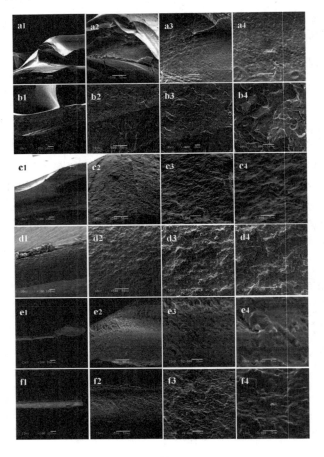

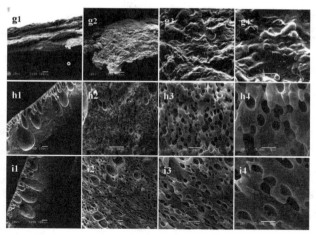

图 3-1　扫描电镜图:纯 MC 膜断面,分别放大(a1)100 倍、(a2)500 倍、(a3)2000 倍、(a4)5000 倍;MC/PMMA(99∶1)复合膜断面,分别放大(b1)100 倍、(b2) 500 倍、(b3)2000 倍、(b4)5000 倍;MC/PMMA(97∶3)复合膜断面,分别放大 (c1)100 倍、(c2)500 倍、(c3)2000 倍、(c4)5000 倍;MC/PMMA(95∶5)复合膜 断面,分别放大(d1)100 倍、(d2)500 倍、(d3)2000 倍、(d4)5000 倍;MC/PMMA (9∶1)复合膜断面,分别放大(e1)100 倍、(e2)500 倍、(e3)2000 倍、(e4)5000 倍;MC/PMMA(7∶3)复合膜断面,分别放大(f1)100 倍、(f2)500 倍、(f3)2000 倍、(f4)5000 倍;MC/PMMA(1∶1)复合膜断面,分别放大(g1)100 倍、(g2)500 倍、(g3)2000 倍、(g4)5000 倍;MC/PMMA(3∶7)复合膜断面,分别放大(h1) 100 倍、(h2)500 倍、(h3)2000 倍、(h4)5000 倍;MC/PMMA(1∶9)复合膜断面, 分别放大(i1)100 倍、(i2)500 倍、(i3)2000 倍、(i4)5000 倍

3.3　纤维素/PMMA 复合膜的固体核磁碳谱分析

　　原料纤维素、再生 PMMA 以及 MC/PMMA(1∶1)复合膜的固体核磁 碳谱如图 3-2 所示。从固体核磁碳谱上可以看出,原料纤维素和 PMMA 的 固体核磁碳谱特征峰在 MC/PMMA(1∶1)复合膜的固体核磁碳谱上均有 出现,并且没有其他杂峰出现。这表明,纤维素和 PMMA 成功复合,且在 复合过程和再生过程中纤维素和 PMMA 与溶剂以及纤维素与 PMMA 之 间均没有发生化学反应。这说明,MC 高分子与 PMMA 高分子在溶剂中的 溶解均是物理过程。

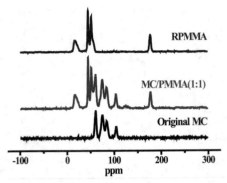

图 3-2 原料甲基纤维素、再生 PMMA 以及 MC/PMMA(1：1)
复合膜的固体核磁碳谱

3.4 纤维素/PMMA 复合膜的 XRD 分析

原料纤维素、再生 PMMA 以及 MC/PMMA 复合膜的 XRD 谱图如图 3-3。从图 3-3 中可以看出,原料纤维素和 PMMA 的典型衍射峰在 MC/PMMA 复合膜中全部消失。这说明,复合膜中的 MC 和 PMMA 呈无定形状态。这是因为,在制备复合膜的过程中,原料中的部分结晶区被破坏形成了无定形区,晶体结构发生了较大变化。同时,纤维素和 PMMA 在成膜的过程中,两种高分子之间相互缠绕,从而阻碍纤维素(PMMA)的再结晶。

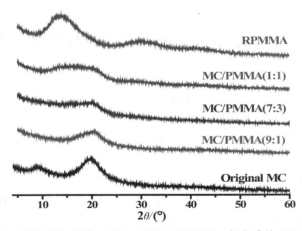

图 3-3 原料 MC、再生 PMMA 以及 MC/PMMA 复合膜的 XRD 图谱

3.5　纤维素/PMMA 复合膜的热重分析

　　原料纤维素,不同质量比的 MC/PMMA 复合膜以及原料 PMMA 的热重曲线如图 3-4 所示。从图 3-4 中可以看出,原料 MC 的热分解温度为 343℃,原料 PMMA 的热分解温度为 312℃。MC/PMMA(9:1)复合膜的热分解温度为 320℃,MC/PMMA(7:3)复合膜的热分解温度为 350℃,MC/PMMA(1:1)复合膜的热分解温度为 356℃,MC/PMMA(3:7)复合膜的热分解温度为 362℃,MC/PMMA(1:9)复合膜的热分解温度为 365℃。从热分解温度中可以看出,MC/PMMA 复合膜的热分解温度随着 PMMA 含量的不断增加而升高。这说明,随着 PMMA 添加量的增加,MC/PMMA 复合膜的热稳定性更强。

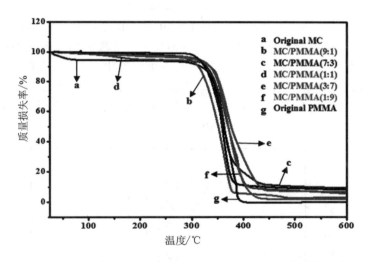

图 3-4　原料纤维素、原料 PMMA 及 MC/PMMA 复合膜的热重曲线

3.6　纤维素/PMMA 复合膜的力学性能分析

　　纯 MC 膜以及不同质量比 MC/PMMA 复合膜的拉伸强度(数据见附录 B,表 2)如图 3-5 所示。从图 3-5 中可以看出,随着复合膜中 PMMA 含量的不断增加,复合膜的拉伸强度增大。MC/PMMA(97:3)复合膜的拉伸强度达到最大值 41.08 MPa,然后逐渐减小。这说明,复合膜中少量的

PMMA 对复合膜具有增强作用。但是,当 PMMA 含量进一步增加时,这种增强作用逐渐减弱。

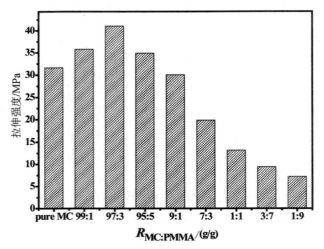

图 3-5　纯 MC 膜以及不同质量比 MC/PMMA 复合膜的拉伸强度

　　纯 MC 膜以及不同质量比 MC/PMMA 复合膜的断裂伸长率(数据见附录 B,表 2)如图 3-6 所示。从图 3-6 中可以看出,随着复合膜中 PMMA 含量的增加,复合膜的断裂伸长率不断增大。MC/PMMA(97∶3)复合膜的断裂伸长率达到最大值即 23%,此后,逐渐减小。这说明,复合膜中少量的 PMMA 对复合膜具有增韧作用。

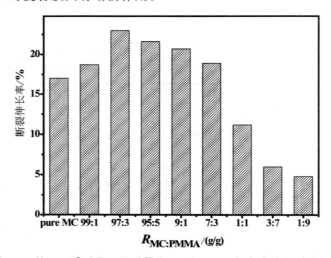

图 3-6　纯 MC 膜以及不同质量比 MC/PMMA 复合膜的断裂伸长率

3.7　热压缩对纤维素/PMMA 复合膜力学性能的影响分析

热压缩前后 MC/PMMA(97∶3)复合膜及 MC/PMMA(1∶1)复合膜的拉伸强度与断裂伸长率分别见图 3-7 和图 3-8。

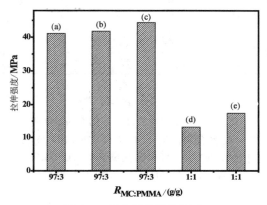

图 3-7　复合膜的拉伸强度

(a) MC/PMMA(97∶3)复合膜；(b) 经过 70℃ ,10 MPa 热压缩后的 MC/ PMMA(97∶3)复合膜；(c) 经过 90℃ ,10 MPa 热压缩后的 MC/PMMA (97∶3)复合膜；(d) MC/PMMA(1∶1)复合膜；(e) 经过 90℃ ,10 MPa 热压缩后的 MC/PMMA(1∶1)复合膜

从图 3-7 中可以看出,热压缩前 MC/PMMA(97∶3)复合膜的拉伸强度为 41.08 MPa,经过 70℃、10 MPa 热压缩后拉伸强度增强为 41.77 MPa,经过 90℃、10 MPa 热压缩后拉伸强度增至 44.37 MPa。热压缩前 MC/PMMA(1∶1)复合膜的拉伸强度为 13.18 MPa,经过 90℃、10 MPa 热压缩后拉伸强度增至 17.49 MPa。从拉伸强度数据中可以看出,复合膜经过热压缩后,拉伸强度较未经过热压缩的复合膜有所增强。这可能是因为,经过热压缩处理后,PMMA 高分子在复合膜中重新分布,复合膜更加密实。

从图 3-8 中可以看出,热压缩前 MC/PMMA(97∶3)复合膜的断裂伸长率为 23%,经过 70℃、10 MPa 热压缩后断裂伸长率增强为 23.1%,经过 90℃、10 MPa 热压缩后断裂伸长率增至 23.9%。热压缩前 MC/PMMA(1∶1)复合膜的断裂伸长率为 11.2%,经过 90℃、10 MPa 热压缩后断裂伸长率增至 14.4%。从断裂伸长率数据中可以看出,复合膜经过热压缩后,断裂伸长率较未经过热压缩的复合膜有所增强。这说明,经过热压缩处理后,复合膜柔韧性更好。

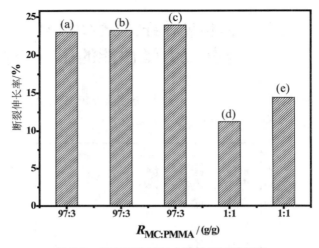

图 3-8　热压溶前后复合膜的断裂伸长率

（a）MC/PMMA（97∶3）复合膜；（b）经过 70℃，10 MPa 热压缩后的 MC/PMMA
（97∶3）复合膜；（c）经过 90℃，10 MPa 热压缩后的 MC/PMMA（97∶3）复合膜；（d）
MC/PMMA（1∶1）复合膜；（e）经过 90℃，10 MPa 热压缩后的 MC/PMMA（1∶1）复
合膜

3.8　纤维素/PMMA 复合膜的回收及再生回收膜的力学性能分析

　　回收前后 MC/PMMA（1∶1）复合膜的拉伸强度与断裂伸长率分别见
图 3-9 和图 3-10。从图 3-9 和图 3-10 中可以看出，把 MC/PMMA（1∶1）复
合膜溶解回收后，再生的复合膜与原始复合膜相比具有相似的力学性能。
这说明，MC/PMMA 复合膜可以实现回收利用，且回收后再生的 MC/PM-
MA 复合膜力学性能与原始的复合膜基本保持一致。回收操作不会对复合
膜的力学性能造成较大影响。这说明，本研究制备的纤维素/PMMA 复合
膜具备很好的实际使用价值。

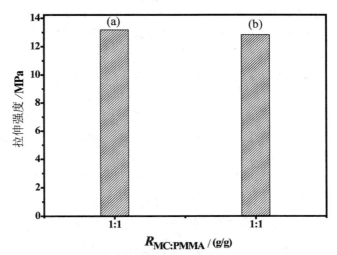

图 3-9　回收前后复合膜拉伸强度
（a）原 MC/PMMA(1∶1)复合膜；
（b）回收的 MC/PMMA(1∶1)复合膜

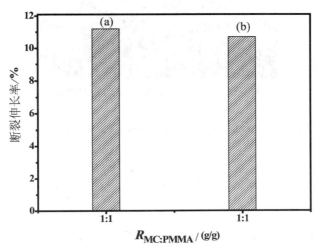

图 3-10　回收前后复合膜的断裂伸长率
（a）原 MC/PMMA(1∶1)复合膜；
（b）回收的 MC/PMMA(1∶1)复合膜

3.9　纤维素/PMMA 复合膜的耐水性分析

搅拌 4 h 后,三支比色管中复合膜的耐水性情况对比如图 3-11。从图

3-11中可以看到,MC/PMMA(1∶1)复合膜在水中经过搅拌后形成悬浮液,肉眼观察明显可见(a)管中液体较浑浊。肉眼可见(b)管中仍有块状MC/PMMA(3∶7)复合膜存在,且溶液较(a)管中更加澄清。同时,可以观察到(c)管中的溶液最澄清,且MC/PMMA(1∶9)复合膜在水中几乎不变,仍可直观地看到块状复合膜的存在。由此可以推断,当复合膜中MC含量进一步增大时,复合膜耐水性更差。这可能是因为,MC本身是溶于水的,当复合膜放入水中搅拌时,其中的MC析出后分散到水中使溶液变浑浊。当复合膜中MC含量越大时,浑浊也越明显,该复合膜不适宜在较湿润的环境条件下使用。该实验结果为MC/PMMA复合膜在较湿润环境下的应用提供了理论依据,具有较强的指导意义。

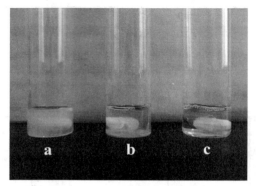

图3-11　MC/PMMA复合膜的水溶情况
(a)MC/PMMA(1∶1)复合膜;
(b)MC/PMMA(3∶7)复合膜;(c)MC/PMMA(1∶9)复合膜

3.10　结　　论

本章以MC和PMMA为原料、六氟异丙醇为溶剂制得了MC/PMMA复合膜。通过改变PMMA在复合膜中的含量,制得不同质量比的MC/PMMA复合膜。利用先进的表征测试手段对复合膜的化学结构、结晶状态、热稳定性、力学性能以及微观形貌等进行了表征与分析,并做了热压缩处理实验、回收实验、水溶性实验,对复合膜的综合性能做了全面的研究。主要结论如下:

(1)六氟异丙醇可以有效地同时溶解MC和PMMA并形成均一透明的溶液。溶液通过在模具中铺膜、再生,可以简便有效地制得MC/PMMA复合膜。

（2）扫描电镜照片显示，当 PMMA 添加量较小时，MC 和 PMMA 复合得较均匀，没有出现分相和团聚现象。但是，在 MC/PMMA（7∶3）复合膜中出现了较为严重的团聚现象，在 MC/PMMA（3∶7）复合膜中开始出现大量孔洞结构。固体核磁碳谱结果表明，MC 和 PMMA 成功复合在一起，MC 和 PMMA 在溶剂中的溶解是物理过程。MC 和 PMMA 之间以及与溶剂之间，均没有发生化学反应。XRD 图谱表明，再生 MC/PMMA 复合膜晶型结构与原料相比，发生了较大的变化。热重分析结果表明，随着 PMMA 添加量的增加，MC/PMMA 复合膜的热分解温度升高，MC/PMMA 复合膜的热稳定性增强。

（3）力学性能测试结果表明，少量的 PMMA 对复合膜具有增强作用。MC/PMMA（97∶3）复合膜的拉伸强度达到最大值 41.08 MPa，断裂伸长率达到最大值 23%，综合力学性能最佳。

（4）热压缩试验表明，热压缩处理可增强复合膜的拉伸强度与断裂伸长率。热压缩温度的变化会有一定的影响，但不会大幅度改变 MC/PMMA 复合膜的力学性能。

（5）复合膜回收实验结果表明，MC/PMMA 复合膜可以实现再回收，且回收后再生的复合膜与原膜相比力学性能几乎不发生变化。回收操作不会影响复合膜的力学性能。

（6）耐水性实验表明，当 MC 在 MC/PMMA 复合膜中含量高时，MC/PMMA 复合膜耐水性较差，不宜在含水量较大的环境条件下使用。

参 考 文 献

［1］林莹，蒋国强，昝佳，等. 甲基纤维素温敏水凝胶的凝固及体外释药特性［J］. 清华大学学报（自然科学版），2006，46(6)：836-838.

［2］Nasatto P L，Pignon F，Silveira J L M，et al. Methylcellulose, a cellulose derivative with original physical properties and extended applications［J］. Polymers，2015，7(5)：777-803.

［3］Kim M H，Park H N，Nam H C. Injectable methylcellulose hydrogel containing silver oxide nanoparticles for burn wound healing［J］. Carbohydrate Polymers，2018，181：579-586.

［4］Du M R，Jing H W，Duan W H，et al. Methylcellulose stabilized multi-walled carbon nanotubes dispersion for sustainable cement composites［J］. Construction and Building Materials，2017，146：76-85.

［5］冯博，朱贤文，彭金秀. 甲基纤维素的应激反应及其对滑石浮选的影响［J］. 2017，27（5）：1031-1036.

［6］肖乃玉，陈雪君，庄永沐，等. 可食性甲基纤维素包装膜的制备及其应用［J］. 化工进展，2015，34（7）：1967-1972.

［7］Law N，Doney B D，Glover H L，et al. Characterisation of hyaluronic acid methylcellulose hydrogels for 3D bioprinting［J］. Journal of the Mechanical Behavior of Biomedical Materials，2018，77：89-399.

［8］Contessi N C，Altomare L N，Filipponi，A D，et al. Thermo-responsive properties of methylcellulose hydrogels for cell sheet engineering［J］. Materials Letters，2017，207：157-160.

［9］Liao H Y，Hong H Q，Zhang H Y，et al. Preparation of hydrophilic polyethylene/methylcellulose blend microporous membranes for separator of lithium-ion batteries［J］. Journal of Membrane Science，2016，498：147-157.

［10］帅闯，张弛，林晓艳. 纳米甲基纤维素接枝共聚物制备与表征［J］. 武汉理工大学学报，2014，36（2）：44-48.

［11］朱婷，胡德安，王毅刚. PMMA 材料裂纹动态扩展及止裂研究［J］. 应用力学学报，2017，34（2）：230-236.

［12］邓俊英，秦佃斌，林争超，等. 聚甲基丙烯酸甲酯微球在水性木器涂料领域的开发与应用［J］. 中国涂料，2016，31（6）：10-13.

［13］彭军芝，汪宏涛. 聚甲基丙烯酸甲酯的改性研究进展［J］. 广州化学，2001，26（4）：60-65.

［14］He H，Chen S，Bai J，et al. High transparency and toughness PMMA nanocomposites toughened by self-assembled 3D loofah-like gel networks：Fabrication，mecha-nism，and insight into the in situ polymerization process［J］. RSC Advances，2016，6：34685-34691.

［15］葛剑敏，王佐民，洪宗辉，等. 改善城市人居环境噪声的方法及应用分析［J］. 工程建设与设计，2003，3（3）：7-8.

［16］费旭，傅娜，王耀，等. 可交联聚甲基丙烯酸甲酯的合成、表征及在阵列式波导光栅中的应用［J］. 高等学校化学学报，2006，27（3）：571-574.

［17］Notario B，Ballesteros A，Pinto J，et al. Nanopo-rous PMMA：A novel system with different acoustic properties［J］. Materials Letters，2016，168：76-79.

［18］Song S，Wan C，Zhang Y. Non-covalent functionalization of

graphene oxide by pyrene-block copolymers for enhancing physical properties of poly（methylmethacrylate）[J]. RSC Advances，2015，5（97）：79947-79955.

[19] 徐丽萍，乔军，杨兴亮，等. 聚甲基丙烯酸甲酯/蒙脱土纳米复合材料的制备与表征 [J]. 安徽工业大学学报（自然科学版），2012，29（1）：38-41.

[20] 陈卢松，黄争鸣. PMMA 透光复合材料研究进展 [J]. 塑料，2007，36（4）：90-95.

第4章 纤维素/聚(D,L-乳酸-co-乙醇酸)复合膜的制备与表征

　　聚(D,L-乳酸-co-乙醇酸)(PLGA)是一种无定形有机高分子化合物，玻璃转化温度为40～60℃，具有良好的生物相容性、溶解性、可降解性和成膜性等优良特性[1,2]。而且，聚(D,L-乳酸-co-乙醇酸)无毒副作用，在制药、医用工程材料等领域被广泛应用[1-3]。但由于其力学性能强度不够、亲水性差、取向性不好等缺点，在生产和使用过程中容易断裂、滑动[4]，这在很大程度上限制了聚(D,L-乳酸-co-乙醇酸)的应用。

　　甲基纤维素(MC)是纤维素的一种，甲基纤维素中约有三分之一的羟基被甲氧基取代，甲氧基连接于高分子链上的每一个葡萄糖酐单元[5-7]。由于甲基纤维素良好的溶解性、成膜性以及可生物降解性等，甲基纤维素作为纤维素的衍生物在诸如化工和建筑等传统行业方面应用广泛[7-10]。此外，甲基纤维化学性质稳定，具有耐酸、碱、微生物、热等优良特性并且无毒无害，因此在食品添加剂领域也崭露头角[8-11]。然而甲基纤维素作为单一基团、絮凝性结构不牢固，纯甲基纤维素膜拉伸强度、断裂伸长率以及抗冲击强度较差，不能满足工业需求[12-14]，这些缺点限制了甲基纤维素的进一步利用。

　　根据文献调研，至今未见有MC/PLGA复合材料的报道。因此，本章利用六氟异丙醇为溶剂，溶解MC和PLGA，通过改变MC与PLGA的质量比，制备出不同比例的MC/PLGA复合膜。采用利用扫描电镜(SEM)、固体碳核磁、X射线衍射(XRD)以及热重分析(TGA)表征手段，对MC/PLGA复合膜的形貌结构和热性质进行研究，并考察MC/PLGA质量比对复合膜的抗拉强度和断裂伸长率的影响。同时，选取其中一个比例的复合膜，研究MC/PLGA复合膜可回收性。另外，还研究热压缩处理对复合膜的抗拉强度和断裂伸长率的影响，通过水溶性实验直观地展现出MC/PLGA复合膜在蒸馏水中的情况，研究了不同MC含量对复合膜耐水性的影响。

4.1　实验部分

4.1.1　实验试剂及材料

主要实验试剂见表 4-1。

表 4-1　主要实验试剂

名称	纯度	生产厂家
甲基纤维素(MC)	分析纯	阿法埃莎公司
聚(D,L-乳酸-co-乙醇酸)	99%	阿拉丁生化科技股份有限公司
六氟异丙醇	99.5%	阿拉丁生化科技股份有限公司

4.1.2　实验仪器

主要实验仪器见表 4-2。

表 4-2　主要实验仪器

名称	型号	生产厂家
磁力搅拌器	98-2	上海司乐仪器有限公司
电子天平	FA2004N	上海菁海仪器有限公司
X 射线衍射仪	D8 Advanced	德国 Bruker AXS
固体核磁共振仪	Advance Ⅲ 400M	德国 Bruker
综合热分析仪	DTA6300	日本精工株式会社
微机控制电子万能试验机	WDW-10	济南一诺世纪试验仪器有限公司
扫描电镜	JSM-5610LV	日本电子株式会社
电热式半自动平板硫化机	63T	成都力士液压制造有限公司

4.1.3　纤维素/PLGA 复合膜的制备

在放有磁转子的比色管中加入一定量的六氟异丙醇、MC 和 PLGA，盖上盖子在室温下搅拌，最终得到均一透明的溶液。溶液在通风橱中静置2 h以确保溶液中的气泡挥发完全，然后将溶液倒入自制模具中并将模具放在通风橱中已调平的天平上自然晾干即得复合膜。通过调整 MC 与 PLGA 的质量比制得不同 MC/PLGA 质量比的复合膜 MC/PLGA $(x:y)$，$x:y$ 为 MC 与 PLGA 的质量比。

4.1.4　纤维素/PLGA 复合膜的表征

所制备样品的内部微观形貌利用扫描电子显微镜（SEM）观察。将样品膜在液氮中冷冻并脆断，用导电胶带粘贴到载物台上，在断口上喷金，对其断口进行扫描电镜观察并拍照记录。

样品的固体核磁碳谱用固体核磁共振仪测定。将质量约为 100～200 mg 的样品研磨成细粉状，放入样品管中，在固体核磁共振仪上利用魔角旋转测出样品的碳谱，记录数据。

实验中选取大小合适，表面平整的样品膜，平整均匀地放在载物台中央。使用 Bruker D8 型 X 射线衍射仪进行 XRD 的表征。衍射角度 2θ 范围为 $4°\sim 60°$。

采用综合热分析仪进行热重的表征与分析。将大约 10 mg 的样品放在铝制坩埚中，再放入内置天平上，等到天平稳定后从室温开始，以 10℃ / min 的速率逐渐升温到 700℃，全程用 N_2 保护。以空失重曲线为基准，记录所测样品的失重曲线。

4.1.5　纤维素/PLGA 复合膜的力学性能

将样品用标准裁刀（4 mm×75 mm）裁成 4 mm×75 mm 的哑铃状，实验前将样品放入盛有饱和氯化钠水溶液（RH＝75％）的干燥器中进行调湿。依照塑料拉伸性能试验（GB/T 1040.1—2006）做单轴向拉伸测试，恒定拉伸速率为 2 mm/min。测定前使用游标卡尺准确测量每个样品的厚度，每个样品平行测定 5 次，并求平均值作为最终数据。

4.1.6　纤维素/PLGA 复合膜的热压缩实验

本实验所用 PLGA 的玻璃转化温度为 46℃,MC 无熔点。选取 MC/PLGA(1∶1)的复合膜以恒定 10 MPa 的压力、40℃的温度热压缩 10 min,然后在保持压力的条件下自然冷却至室温。选取两块 MC/PLGA(9∶1)复合膜分别以恒定 10 MPa 的压力、40℃和 30℃的温度热压缩 10 min,然后在保持压力的条件下自然冷却至室温。对热压缩后的复合膜进行力学性能的测定,测定方法同 4.1.5。

4.1.7　纤维素/PLGA 复合膜的回收实验

将成品 MC/PLGA(1∶1)复合膜溶于六氟异丙醇中重新再生成 MC/PLGA(1∶1)复合膜,实现对 MC/PLGA 复合膜的回收。对重新再生的 MC/PLGA(1∶1)复合膜进行力学性能测试(测试方法同 4.1.5),并与原始 MC/PLGA(1∶1)复合膜进行对比。

4.1.8　纤维素/PLGA 复合膜的耐水性实验

选取相同质量的 MC/PLGA(1∶1)、MC/PLGA(3∶7)、MC/PLGA(1∶9)三种复合膜,分别放入盛有相同质量蒸馏水的 50 mL 比色管中,在室温下进行搅拌。搅拌 4 h 后,观察比色管中复合膜的耐水性情况,并拍照记录。

4.2　纤维素/PLGA 复合膜的形貌分析

纯 MC 膜以及 MC/PLGA 复合膜的扫描电镜如图 4-1。从图 4-1 中可以看出,纯 MC 膜断面较均匀致密。当 MC/PLGA 复合膜中 PLGA 添加量较小时,MC/PLGA 复合膜两相复合较均匀,没有出现团聚与分相现象。但在 MC/PLGA(7∶3)复合膜中,开始出现较为明显的团聚现象。这是因为,当 PLGA 含量较低时,MC 高分子与 PLGA 高分子以分子状态均匀的分布在溶剂中。在成膜的过程中,PLGA 高分子与 MC 高分子以分子状态彼此缠绕在一起,均匀成膜。而当 PLGA 添加量大时,由于 PLGA 高分子彼此聚集,从而出现团聚。

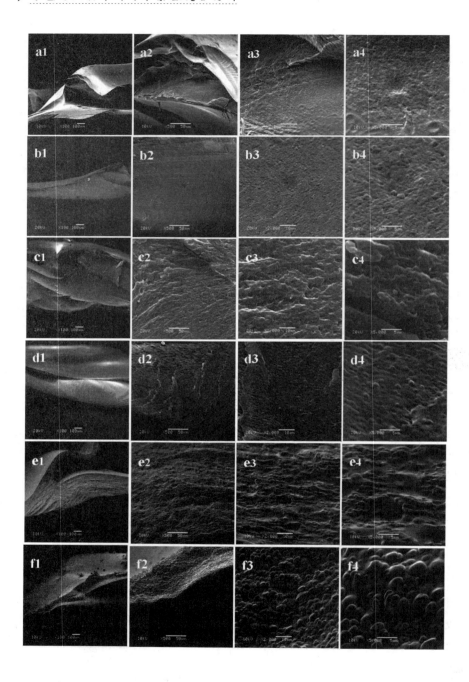

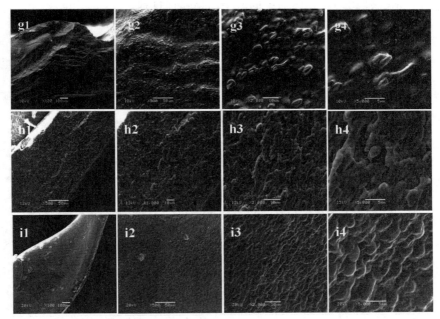

图 4-1　扫描电镜图:纯 MC 膜断面,分别放大(a1)100 倍,(a2)500 倍,(a3)2000 倍,(a4)5000 倍;MC/PLGA(99∶1)复合膜断面,分别放大(b1)100 倍,(b2)500 倍,(b3)2000 倍,(b4)5000 倍;MC/PLGA(97∶3)复合膜断面,分别放大(c1)100 倍,(c2)500 倍,(c3)2000 倍,(c4)5000 倍;MC/PLGA(95∶5)复合膜断面,分别放大(d1)100 倍,(d2)500 倍,(d3)2000 倍,(d4)5000 倍;MC/PLGA(9∶1)复合膜断面,分别放大(e1)100 倍,(e2)500 倍,(e3)2000 倍,(e4)5000 倍;MC/PLGA(7∶3)复合膜断面,分别放大(f1)100 倍,(f2)500 倍,(f3)2000 倍,(f4)5000 倍;MC/PLGA(1∶1)复合膜断面,分别放大(g1)100 倍,(g2)500 倍,(g3)2000 倍,(g4)5000 倍;MC/PLGA(3∶7)复合膜断面,分别放大(h1)100 倍,(h2)500 倍,(h3)2000 倍,(h4)5000 倍;MC/PLGA(1∶9)复合膜断面,分别放大(i1)100 倍,(i2)500 倍,(i3)2000 倍,(i4)5000 倍

4.3　纤维素/PLGA 复合膜的固体核磁碳谱分析

原料 MC、原料 PLGA 以及 MC/PLGA(1∶1)复合膜的固体核磁碳谱如图 4-2 所示。从固体核磁碳谱上可以看到,原料 MC 和 PLGA 的固体核磁碳谱特征峰在 MC/PLGA(1∶1)复合膜的固体核磁碳谱上均有出现,并且没有其他杂峰出现。这表明,MC 和 PLGA 成功复合。在溶解和再生的过程中 MC 和 PLGA 与溶剂之间以及 MC 与 PLGA 之间均没有发生化学

反应。MC 和 PLGA 在溶剂中的溶解均是物理过程。

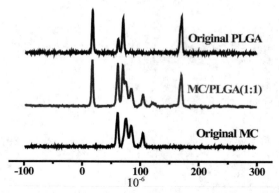

图 4-2　原料 MC、原料 PLGA 以及 MC/PLGA(1∶1)复合膜的固体核磁碳谱

4.4　纤维素/PLGA 复合膜的 XRD 分析

原料 MC、原料 PLGA 以及 MC/PLGA 复合膜的 XRD 曲线如图 4-3 所示。从图 4-3 中可以看出,原料 MC 和 PLGA 的特征衍射峰在复合膜中消失不见。这说明,复合膜中 MC 和 PLGA 呈无定形态。这是因为,MC 和 PLGA 从溶剂中再生的过程中,MC 高分子和 PLGA 高分子之间相互缠绕,干扰 MC 和 PLGA 的再结晶。

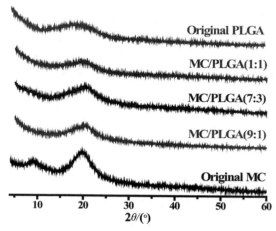

图 4-3　原料 MC、原料 PLGA 以及 MC/PLGA 复合膜的 XRD 图谱

4.5　纤维素/PLGA 复合膜的热重分析

　　原料 MC、原料 PLGA 以及 MC/PLGA 复合膜的热重曲线如图 4-4 所示。从图 4-4 中可以看出,原料 MC 的热分解温度为 343℃,原料 PLGA 的热分解温度为 262℃。MC/PLGA(9∶1)复合膜的热分解温度为 307℃;MC/PLGA(7∶3)复合膜的热分解温度为 282℃;MC/PLGA(1∶1)复合膜的热分解温度为 277℃;MC/PLGA(3∶7)复合膜的热分解温度为 275℃;MC/PLGA(1∶9)复合膜的热分解温度为 273℃。从热分解温度数据中可以看出,在 MC 中添加 PLGA,会降低复合膜的热分解温度。随着 PLGA 添加量的增加,复合膜的热分解温度越来越低。这说明,将 MC 与 PLGA 复合,会降低复合膜的热稳定性。要想使复合膜的综合性能最佳,PLGA 添加量不宜过大。

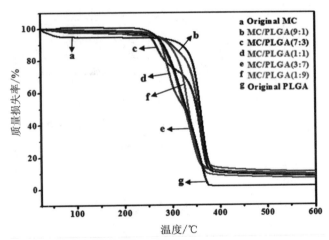

图 4-4　原料 MC、原料 PLGA 及 MC/PLGA 复合膜的热重曲线

4.6　纤维素/PLGA 复合膜的力学性能分析

　　纯 MC 膜及 MC/PLGA 复合膜的拉伸强度和断裂伸长率分别见图 4-5 和图 4-6。

　　从图 4-5 中可以看出,随着复合膜中 PLGA 含量的增加,复合膜的拉伸强度不断增大。MC/PLGA(9∶1)复合膜的拉伸强度达到最大值,然后逐渐减小。这说明,复合膜中少量 PLGA 对复合膜的拉伸强度具有增强作用。但是,当复合膜中 PLGA 含量继续增加时,这种增强作用逐渐减弱。同时,从图 4-6 中可以看出,随着复合膜中 PLGA 含量的增加,复合膜的断裂伸长率也不断增大。MC/PLGA(9∶1)复合膜的断裂伸长率达到最大值,然后逐渐减小。这说明,复合膜中添加少量 PLGA,可对复合膜的韧性具有增强作用。但是,当复合膜中 PLGA 含量继续增加时,这种增强作用逐渐减弱。

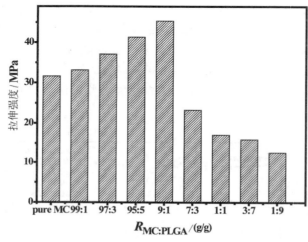

图 4-5　纯 MC 膜及 MC/PLGA 复合膜的拉伸强度

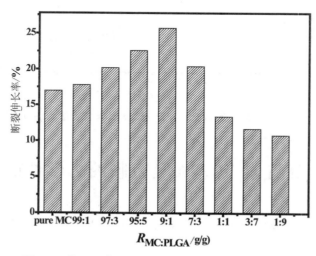

图 4-6　纯 MC 膜及 MC/PLGA 复合膜的断裂伸长率

4.7　热压缩对纤维素/PLGA 复合膜力学性能的影响分析

MC/PLGA(9∶1)复合膜以及 MC/PLGA(1∶1)复合膜热压缩前后拉伸强度及断裂伸长率分别见图 4-7 和图 4-8。

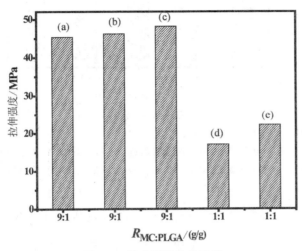

图 4-7　复合膜的拉伸强度

(a)MC/PLGA(9∶1)复合膜;(b)经过 30℃,10 MPa 热压缩后的 MC/PLGA(9∶1)复合膜;(c)经过 40℃,10 MPa 热压缩后的 MC/PLGA(9∶1)复合膜;(d)MC/PLGA(1∶1)复合膜;(e)经过 40℃,10 MPa 热压缩后的 MC/PLGA(1∶1)复合膜

从图 4-7 中可以看出,经过 10 MPa、30℃热压缩后,MC/PLGA(9∶1)复合膜的拉伸强度为 46.22 MPa,比未经过热压缩处理的复合膜增强了 0.84 MPa。经过 10 MPa、40℃热压缩后,MC/PLGA(9∶1)复合膜的拉伸强度为 48.21 MPa,比未经过热压缩处理的复合膜增强了 2.83 MPa。同时,经过 10 MPa、40℃热压缩后,MC/PLGA(1∶1)复合膜的拉伸强度为 22.33 MPa,比未经过热压缩处理的复合膜增强了 5.2 MPa。可见,所有比例的复合膜经过热压缩后拉伸强度相较未经过热压缩处理的原始复合膜都有所增强。这可能是因为,经过热压缩处理后 PLGA 分子在复合体系中重新分布,可有效抑制 PLGA 的团聚,使复合膜更加密实。

此外,从图 4-8 中还可以看出,不同质量比的 MC/PLGA 复合膜经过热压缩处理后断裂伸长率与原始复合膜相比都有所增加。这说明,热压缩处理可以增强复合膜的柔韧性。

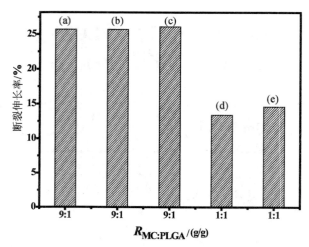

图 4-8　复合膜的断裂伸长率

(a)MC/PLGA(9∶1)复合膜;(b)经过 30℃,10 MPa 热压缩后的 MC/PLGA(9∶1)复合膜;(c)经过 40℃,10 MPa 热压缩后的 MC/PLGA(9∶1)复合膜;(d)MC/PLGA(1∶1)复合膜;(e)经过 40℃,10 MPa 热压缩后的 MC/PLGA(1∶1)复合膜

4.8　纤维素/PLGA 复合膜的回收及再生回收膜的力学性能分析

回收前后复合膜的拉伸强度和断裂伸长率分别见图 4-9 和图 4-10。从图 4-9 和图 4-10 中可以看出,把 MC/PLGA(1∶1)复合膜回收后再生的复合膜与原始复合膜相比具有相似的力学性能。这说明,该 MC/PLGA 复合膜可以实现回收利用,且回收后再生的复合膜力学性能几乎不变。回收过程不会对材料力学性能造成较大影响。

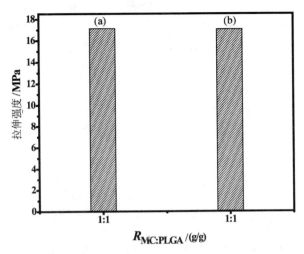

图 4-9　回收前后复合膜拉伸强度：(a)原 MC/PLGA(1：1)复合膜；
(b)回收的 MC/PLGA(1：1)复合膜

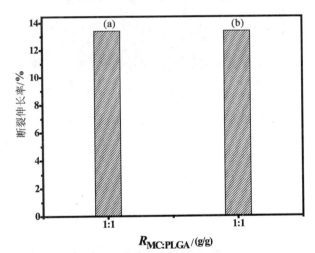

图 4-10　回收前后复合膜断裂伸长率
(a)原 MC/PLGA(1：1)复合膜；
(b)回收的 MC/PLGA(1：1)复合膜

4.9　纤维素/PLGA 复合膜的耐水性分析

　　搅拌 4 h 后，三支比色管中复合膜的水溶性情况对比如图 4-11 所示。
从图 4-11 中可以看到，MC/PLGA(1：1)复合膜在水中经过搅拌后形成悬浮液,肉眼观察明显可见(a)管中液体较浑浊。肉眼可见(b)管中仍有块状复合膜存在且溶液较(a)管中更加澄清。同时,还可以观察到(c)管中的溶液最澄清且 MC/PLGA(1∶9)复合膜在水中几乎不变,仍可直观看到块状复合膜的存在。这说明,随着复合膜中 MC 含量的增加,复合膜耐水性变差。由此可以推断,当复合膜中 MC 含量进一步增大时,复合膜耐水性更差。这可能是因为,MC 本身是溶于水的,当复合膜放入水中搅拌时,其中的 MC 析出后,分散到水溶液中使溶液变浑浊。当复合膜中 MC 含量越大时,浑浊也越明显。

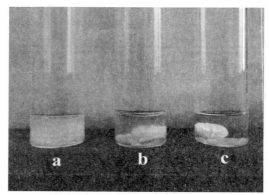

图 4-11　MC/PLGA 复合膜的水溶情况
(a) MC/PLGA(1∶1)复合膜;
(b) MC/PLGA(3∶7)复合膜;(c) MC/PLGA(1∶9)复合膜

4.10　结论

本章以 MC 和 PLGA 为原料、六氟异丙醇为溶剂制得了 MC/PLGA 复合膜。通过改变 PLGA 在复合膜中的质量分数,制得不同质量比的 MC/PLGA 复合膜。利用先进的表征测试手段对复合膜的化学结构、结晶状态、热稳定性、力学性能以及微观形貌等进行了表征与分析。同时做了热压缩处理实验、回收实验、水溶性实验,对复合膜的综合性能做了全面的研究。主要结论如下:

(1)六氟异丙醇可以有效的同时溶解 MC 和 PLGA 并形成均一透明的溶液。溶液通过在模具中铺膜、再生,可以简便有效地制得 MC/PLGA 复合膜。

(2)扫描电镜照片显示,当 PLGA 添加量较小时,MC 和 PLGA 复合的较均匀,MC/PLGA 复合膜中没有明显的团聚现象。在 MC/PLGA(7∶3)

复合膜中开始出现了较为严重的团聚现象。固体核磁碳谱结果表明,MC和 PLGA 成功复合在一起,并且与溶剂均没有发生化学反应,MC 和 PLGA在溶剂中的溶解是物理过程。XRD 图谱表明,再生 MC/PLGA 复合膜晶型结构与原料的相比,变化较大。原料中的部分结晶区,在溶解和再生的过程中变为无定形区。热重分析结果表明,原料 PLGA 的热分解温度较低。将 PLGA 与 MC 复合后,会降低 MC/PLGA 复合膜的热分解温度。PLGA的加入会使复合膜的热稳定性下降。

(3)力学性能测试结果表明,当 PLGA 在 MC/PLGA 复合膜中的添加量较小时,PLGA 的加入对复合膜的力学性能起到增强作用。MC/PLGA(9∶1)复合膜具有最佳的力学性能。

(4)热压缩试验表明,热压缩处理可增强复合膜的拉伸强度与断裂伸长率。热压缩温度的升高对复合膜力学性能的增强作用影响较小。

(5)复合膜回收实验结果表明,MC/PLGA 复合膜可以实现再回收,且回收后的复合膜与原膜相比,力学性能几乎不发生变化。

(6)水溶性实验表明,当 MC 在 MC/PLGA 复合膜中含量高时,复合膜耐水性差。随着复合膜中 MC 含量的增加,MC/PLGA 复合膜的耐水性越差。该膜不适宜在含水量大的环境条件下使用。

参 考 文 献

[1] Mundargi R C, Babu V R, Rangaswamy V, et al. Nano/micro technologies for delivering macromoleculartherapeutice using poly(D,L-lactide-c,o-glycolide) and its derivatives [J]. Journal of Controlled Release, 2008, 125(3):193-209.

[2] 钦富华,胡英,高建青,等. 多孔 PLGA 微球的应用研究进展 [J]. 2012, 28(3):351-355.

[3] Lu J M, Wang X, Marin-Muller C, et al. Current advances in research and clinical applications of PLGA-based nanotechnology [J]. Expert Review of Molecular Diagnostics, 2009, 9(4):325-341.

[4] 赵月,陈灶妹,何婷,等. PEG/PLGA 纳米纤维膜的制备及其参数优化 [J]. 生物医学工程研究, 2017, 36(3):262-267.

[5] 林莹,蒋国强,昝佳,等. 甲基纤维素温敏水凝胶的凝固及体外释药特性 [J]. 清华大学学报, 2006, 46(6):836-838.

[6] Nasatto P L, Pignon F, Silveira J L M, et al. Methylcellulose, a

cellulose derivative with original physical properties and extended applica-tions [J]. Polymers，2015，7(5)：777-803.

[7] Kim M H，Park H N，Nam H C. Injectable methylcellulose hy-drogel containing silver oxide nanoparticles for burn wound healing [J]. Carbohydrate Polymers，2018，181：579-586.

[8] Du M R，Jing H W，Duan W H，et al. Methylcellulose stabilized multi-walled carbon nanotubes dispersion for sustainable cement compos-ites [J]. Construction and Building Materials，2017，146：76-85.

[9] 冯博，朱贤文，彭金秀. 甲基纤维素的应激反应及其对滑石浮选的影响 [J]. 2017，27(5)：1031-1036.

[10] 肖乃玉，陈雪君，庄永沐，等. 可食性甲基纤维素包装膜的制备及其应用 [J]. 化工进展，2015，34(7)：1967-1972.

[11] Law N，Doney B D，Glover H L，et al. Characterisation of hy-aluronic acid methylcellulose hydrogels for 3D bioprinting [J]. Journal of the Mechanical Behavior of Biomedical Materials，2018，77：89-399.

[12] Contessi N C，Altomare L N，Filipponi，A D，et al. Thermo-responsive properties of methylcellulose hydrogels for cell sheet engineer-ing [J]. Materials Letters，2017，207：157-160.

[13] Liao H Y，Hong H Q，Zhang H Y，et al. Preparation of hydro-philic polyethylene/methylcellulose blend microporous membranes for separator of lithium-ion batteries [J]. Journal of Membrane Science，2016，498：147-157.

[14] 帅闯，张弛，林晓艳. 纳米甲基纤维素接枝共聚物制备与表征 [J]. 武汉理工大学学报，2014，36(2)：44-48.

第5章 纤维素/聚丁二酸丁二醇酯复合膜的制备与表征

　　聚丁二酸丁二醇酯(PBS)是高聚酯家族中的一员,属于热塑性聚酯,具有良好的工业加工性能,因此在许多领域都有所应用。但 PBS 自身强度和刚度不高,这在一定程度上也限制了 PBS 材料的进一步推广。甲基纤维素(MC)由于自身良好的溶解性等一系列先天优势,在复合材料制备领域崭露头角。研究工作者尝试使两者复合制成复合材料,使两者优势互补。

　　本章利用六氟异丙醇为溶剂,溶解 MC 和 PBS,通过改变 MC 与 PBS 的质量比,制备出不同比例的 MC/PBS 复合膜。采用利用扫描电镜(SEM)、固体碳核磁、X 射线衍射(XRD)以及热重分析(TGA)表征手段,对 MC/PBS 复合膜的形貌结构和热性质进行研究,并考察 MC/PBS 质量比对复合膜的抗拉强度和断裂伸长率的影响。同时,选取其中一个比例的复合膜,研究 MC/PBS 复合膜可回收性。另外,还研究热压缩处理对复合膜的抗拉强度和断裂伸长率的影响,通过水溶性实验直观地展现出 MC/PBS 复合膜在蒸馏水中的情况,研究了不同 MC 含量对复合膜耐水性的影响。

5.1　实验部分

5.1.1　实验试剂及材料

　　主要实验试剂如表 5-1 所示。

表 5-1　主要实验试剂
Tab. 5-1　Main experiment reagents

名称	纯度	生产厂家
甲基纤维素(MC)	分析纯	阿法埃莎公司
聚(1,4-亚丁基琥珀酸酯)	99%	Sigma-Aldrich 公司
六氟异丙醇	99.5%	阿拉丁生化科技股份有限公司

5.1.2　实验仪器

主要实验仪器见表 5-2。

表 5-2　主要实验仪器

名称	型号	生产厂家
磁力搅拌器	98-2	上海司乐仪器有限公司
电子天平	FA2004N	上海菁海仪器有限公司
X 射线衍射仪	D8 Advanced	德国 Bruker AXS
固体核磁共振仪	Advance Ⅲ 400M	德国 Bruker
综合热分析仪	DTA6300	日本精工株式会社
微机控制电子万能试验机	WDW-10	济南一诺世纪试验仪器有限公司
扫描电镜	JSM-5610LV	日本电子株式会社
电热式半自动平板硫化机	63T	成都力士液压制造有限公司

5.1.3　纤维素/PBS 复合膜的制备

制法同 3.1.3。

5.1.4　纤维素/PBS 复合膜的表征

表征方法同 2.1.7。

5.1.5　纤维素/PBS 复合膜的热压缩实验

本实验所用 PBS 的熔点为 120℃,MC 无熔点。选取 MC/PBS(1∶1) 的复合膜以恒定 10 MPa 的压力、105℃ 的温度热压缩 10 min,然后在保持压力的条件下自然冷却至室温。选取两块 MC/PBS(9∶1)复合膜分别以恒定 10 MPa 的压力、105℃和 85℃的温度热压缩 10 min,然后在保持压力的条件下自然冷却至室温。对热压缩后的复合膜进行力学性能的测定,测定方法同 2.1.10。

5.1.6   纤维素/PBS 复合膜的回收实验

将成品 MC/PBS(1∶1)复合膜溶于六氟异丙醇中重新再生成 MC/PBS(1∶1)复合膜实现对 MC/PBS 复合膜的回收。对重新再生的 MC/PBS(1∶1)复合膜进行力学性能测试(测试方法同 2.1.10)并与原始 MC/PBS(1∶1)复合膜进行对比。

5.1.7   纤维素/PBS 复合膜的耐水性实验

选取相同质量的 MC/PBS(1∶1)、MC/PBS(3∶7)、MC/PBS(1∶9)三种复合膜,分别放入盛有相同质量蒸馏水的 50 mL 比色管中在室温下进行搅拌。观察比色管中复合膜的耐水性情况,并拍照记录。

5.2   纤维素/PBS 复合膜的形貌分析

纤维素/PBS 复合膜的扫描电镜如图 5-1 所示。从图 5-1 中可以看出,纯 MC 膜的断面比较均匀致密。当 PBS 添加量较小时,MC/PBS 复合膜两相复合较均匀,没有出现团聚和分相现象。但是,在 MC/PBS(7∶3)的复合膜中开始出现了较为明显的分相现象;在 MC/PBS(3∶7)的复合膜中出现了大量的孔洞结构。这可能是因为,当 PBS 添加量较低时,MC 和 PBS 在溶剂中以分子状态均匀分布,在成膜的过程中由于两者相互缠绕,所以两者仍然以分子状态均匀地从溶剂中析出,不会产生团聚和相分离。也就是说,MC 和 PBS 高分子均匀地分布在复合膜中。但是当 PBS 添加量过大时,PBS 高分子之间相互聚集,从而导致产生团聚。当 PBS 添加量进一步增大时,PBS 和 MC 之间产生明显的相分离。

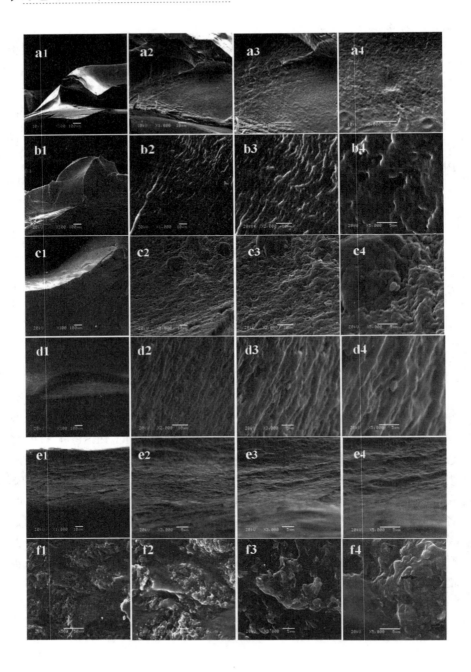

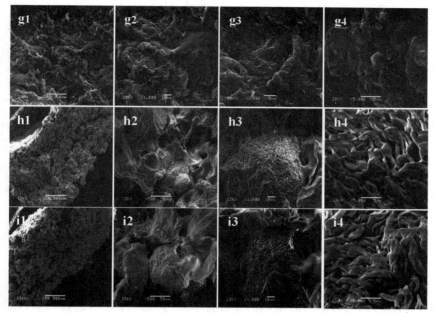

图 5-1　扫描电镜图:纯 MC 膜断面,分别放大(a1)100 倍,(a2)1000 倍,(a3)2000 倍,(a4)5000 倍;MC/PBS(99:1)复合膜断面,分别放大(b1)100 倍,(b2)1000 倍,(b3)2000 倍,(b4)5000 倍;MC/PBS(97:3)复合膜断面,分别放大(c1)100 倍,(c2)1000 倍,(c3)2000 倍,(c4)5000 倍;MC/PBS(95:5)复合膜断面,分别放大(d1)100 倍,(d2)1000 倍,(d3)2000 倍,(d4)5000 倍;MC/PBS(9:1)复合膜断面,分别放大(e1)100 倍,(e2)1000 倍,(e3)2000 倍,(e4)5000 倍;MC/PBS(7:3)复合膜断面,分别放大(f1)500 倍,(f2)1000 倍,(f3)3000 倍,(f4)5000 倍;MC/PBS(1:1)复合膜断面,分别放大(g1)500 倍,(g2)1000 倍,(g3)3000 倍,(g4)5000 倍;MC/PBS(3:7)复合膜断面,分别放大(h1)50 倍,(h2)500 倍,(h3)1000 倍,(h4)5000 倍;MC/PBS(1:9)复合膜断面,分别放大(i1)50 倍,(i2)500 倍,(i3)1000 倍,(i4)5000 倍

5.3　纤维素/PBS 复合膜的固体核磁碳谱分析

　　原料 MC、再生 PBS 和 MC/PBS(1:1)复合膜的固体核磁共振碳谱如图 5-2 所示。从固体核磁碳谱上可以看到,原料 MC 和 PBS 的固体核磁碳谱特征峰在 MC/PBS(1:1)复合膜的固体核磁碳谱上均有体现,且没有其他杂峰出现。这表明,MC 和 PBS 成功复合,且复合过程没有发生化学反应。MC 和 PBS 在溶剂中的溶解和再生是物理过程。

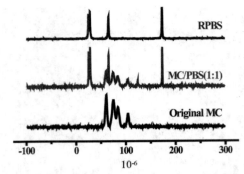

图 5-2　原料 MC、再生 PBS 以及 MC/PBS 复合膜的固体核磁碳谱

5.4　纤维素/PBS 复合膜的红外光谱分析

原料 MC、再生 PBS 以及 MC/PBS 复合膜的红外光谱如图 5-3。从图 5-3 中可以看到,不同质量比的复合膜中均有 MC 与 PBS 的特征吸收峰,且没有其他新峰的出现。这表明,在制备复合膜的过程中原料与溶剂以及原料 MC 与 PBS 之间均没有发生化学反应,且 MC 与 PBS 成功复合在一起。2905 cm^{-1} 处的吸收峰属于 C-H 伸缩振动,1465 cm^{-1} 处的属于 CH2 的变形振动峰。所有比例的复合膜和原料 MC 样品在 1100 cm^{-1} 附近均出现了 C-O-C 的对称伸缩振动吸收峰并且都十分明显。这表明,在复合膜制备的过程中 MC 化学结构几乎没有被破坏。另外,所有比例的复合膜在 1700 cm^{-1} 附近均出现了 PBS 的特征吸收峰,且随着复合膜中 PBS 质量分数的不断增加,特征峰越来越明显。这说明,PBS 的高分子结构在溶解与再生的过程中也没有被破坏。而且,特征峰的强度与复合膜中 PBS 的添加量成正比。

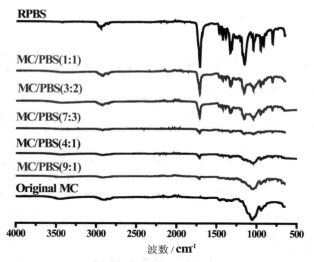

图 5-3　原料 MC、再生 PBS 以及 MC/PBS 复合膜的红外光谱图

5.5　纤维素/PBS 复合膜的 XRD 分析

　　原料 MC、再生 PBS 以及 MC/PBS 复合膜的 XRD 图谱如图 5-4 所示。从图 5-4 中可以看出,MC 和 PBS 的典型衍射峰在复合膜中消失。复合膜晶型结构与原料有较大差别。这表明,复合膜中的 MC 和 PBS 成无定形状态。这是因为,MC 和 PBS 从溶剂中再生的过程中,MC 和 PBS 相互缠绕或干扰,从而阻碍了 MC 和 PBS 的再结晶。部分结晶区被破坏形成了无定形区,晶体结构发生了较大变化。同时,还可以看到,当复合膜中 PBS 含量不断增加时,复合膜的晶型结构与原料 PBS 的越来越相似。这也符合 PBS 添加量不断增加的规律。

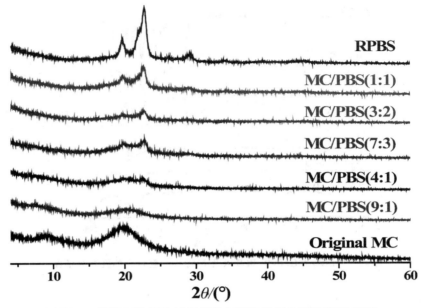

图 5-4 原料 MC、再生 PBS 以及 MC/PBS 复合膜的 XRD 图谱

5.6 纤维素/PBS 复合膜的热重分析

原料 MC、原料 PBS 以及 MC/PBS 复合膜的热重如图 5-5 所示。从图 5-5 中可以看出,原料 MC 的热分解温度为 343℃;原料 PBS 的热分解温度为 374℃。MC/PBS(9∶1)复合膜的热分解温度为 344℃;MC/PBS(7∶3)复合膜的热分解温度为 348℃;MC/PBS(1∶1)复合膜的热分解温度为 352℃;MC/PBS(3∶7)复合膜的热分解温度为 355℃;MC/PBS(1∶9)复合膜的热分解温度为 368℃。从热分解温度中可以看出,不同质量比 MC/PBS 复合膜的热分解温度均高于原料 MC 的热分解温度,低于原料 PBS 的热分解温度。这说明,将 PBS 和 MC 复合,可提高复合膜的热分解温度。此外,还可以看出,随着复合膜中 PBS 含量的增加,复合膜的热分解温度不断升高。这说明,进一步增加复合膜中 PBS 的含量,可以增强复合膜的热稳定性。

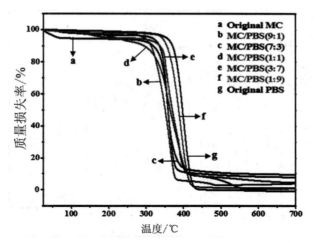

图 5-5　原料 MC、原料 PBS 及 MC/PBS 复合膜的 TGA 曲线

5.7　纤维素/PBS 复合膜的力学性能分析

纯 MC 膜和 MC/PBS 复合膜的拉伸强度和断裂伸长率(数据见附录 B,表 4)分别如图 5-6 和图 5-7 所示。

从图 5-6 中可以看出,随着复合膜中 PBS 质量分数的不断增加,复合膜的拉伸强度不断增大,MC/PBS(9∶1)复合膜的拉伸强度达到最大值,此后逐渐减小。这说明,复合膜中少量 PBS 对复合膜的拉伸强度起到增强作用。但是,当 PBS 含量继续增加时,这种增强作用逐渐减弱。

此外,从图 5-7 中还可以看出,随着复合膜中 PBS 质量分数的不断增加,复合膜的断裂伸长率也不断增大,MC/PBS(9∶1)复合膜的断裂伸长率达到最大值,此后逐渐减小。这说明,复合膜中少量 PBS 对复合膜的韧性起到增强作用。但是,当 PBS 含量继续增加时,这种增强作用逐渐减弱。

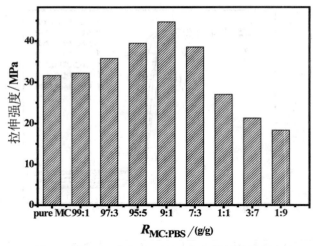

图 5-6　纯 MC 膜和 MC/PBS 复合膜的拉伸强度

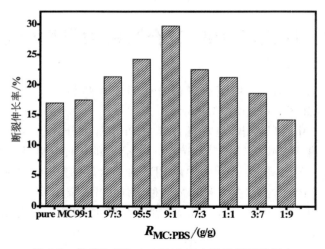

图 5-7　纯 MC 膜和 MC/PBS 复合膜的断裂伸长率

5.8　热压缩对纤维素/PBS 复合膜力学性能的影响分析

　　MC/PBS(9∶1)复合膜及 MC/PBS(1∶1)复合膜热压缩前后的拉伸强度及断裂伸长率分别见图 5-8 和图 5-9。

　　从图 5-8 中可以看出,经过 10 MPa、85℃热压缩后,MC/PBS(9∶1)复

合膜的拉伸强度增至 45.96 MPa,比未经过热压缩的原复合膜增强了 1.28
MPa。经过 10 MPa、105℃热压缩后,MC/PBS(9∶1)复合膜的拉伸强度增
至 48.56 MPa,比未经过热压缩的原复合膜增强了 3.88 MPa。经过 10
MPa、105℃热压缩后,MC/PBS(1∶1)复合膜的拉伸强度增至 28.45 MPa,
比未经过热压缩的原复合膜增强了 1.47 MPa。可见,所有复合膜经过热压
缩后,拉伸强度较未经过热压缩的复合膜都有所增强。这是因为,经过热压
缩处理后,PBS 在复合膜中重新分布,复合膜更加密实,热压缩处理可有效
抑制 PBS 的团聚以及相分离。此外,从图 5-9 中还可以看出,复合膜经过
热压缩后,断裂伸长率也有所增大。这说明,热压缩处理手段可增强复合膜
的柔韧性。

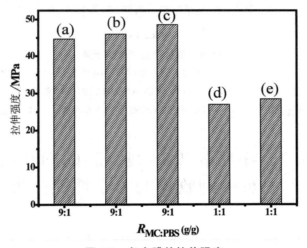

图 5-8　复合膜的拉伸强度

(a)MC/PBS(9∶1)复合膜;(b)经过 85℃,10 MPa 热压缩后的 MC/PBS(9∶1)复
合膜;(c)经过 105℃,10 MPa 热压缩后的 MC/PBS(9∶1)复合膜;(d)MC/PBS
(1∶1)复合膜;(e)经过 105℃,10 MPa 热压缩后的 MC/PBS(1∶1)复合膜

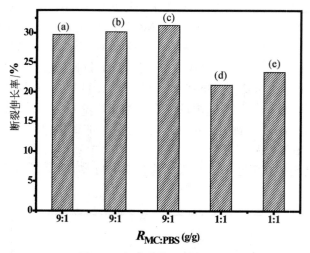

图 5-9　复合膜的断裂伸长率

(a)MC/PBS(9：1)复合膜；(b)经过 85℃,10 MPa 热压缩后的 MC/PBS(9：1)复合膜；(c)经过 105℃,10 MPa 热压缩后的 MC/PBS(9：1)复合膜；(d)MC/PBS(1：1)复合膜；(e)经过 105℃,10 MPa 热压缩后的 MC/PBS(1：1)复合膜

5.9　纤维素/PBS 复合膜的回收及再生回收膜的力学性能分析

回收前后,MC/PBS(1：1)复合膜的拉伸强度和断裂伸长率分别见图 5-10 和图 5-11。从图 5-10 和图 5-11 中可以看出,把 MC/PBS(1：1)复合膜回收后,再生的复合膜与原复合膜相比具有相似的力学性能。这说明,该 MC/PBS 复合膜可以实现回收利用,且回收和再生的过程均不会对 MC/PBS 复合膜的力学性能造成较大影响。

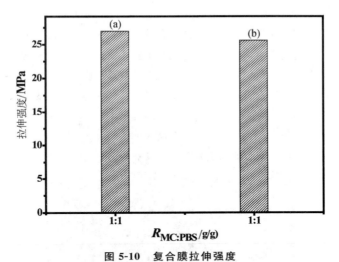

图 5-10　复合膜拉伸强度
（a）原 MC/PBS（1∶1）复合膜；（b）回收的 MC/PBS（1∶1）复合膜

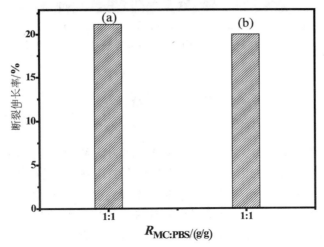

图 5-11　复合膜的断裂伸长率
（a）原 MC/PBS（1∶1）复合膜；（b）回收的 MC/PBS（1∶1）复合膜

5.10　纤维素/PBS 复合膜的耐水性分析

MC/PBS 复合膜的耐水性情况如图 5-12 所示。从图 5-12 中可以看到，（a）管中几乎看不到完整的 MC/PBS（1∶1）复合膜，且溶液较浑浊。（b）管中仍有块状复合膜存在，且溶液较（a）管中更加澄清。（c）管中的溶液最澄清,且复合膜在水中几乎不变,仍可直观地看到块状复合膜的存在。这说明,复合膜中 MC 含量越大,复合膜的耐水性越差。由此可以推断,当复合膜中 MC 含量进一步增大时,复合膜耐水性更差。这是因为,MC 本身是溶于水的,当复合膜放入水中搅拌时,其中的 MC 析出后分散到水溶液中,使溶液变浑浊。当复合膜中 MC 含量越大时,浑浊也越明显。

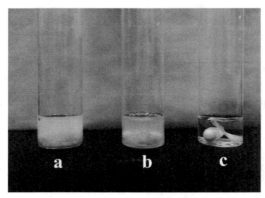

图 5-12 MC/PBS 复合膜的水溶性情况

(a) MC/PBS(1∶1)复合膜;(b)MC/PBS(3∶7)复合膜;(c) MC/PBS(1∶9)复合膜

5.11 结论

本章以 MC 和 PBS 为原料,六氟异丙醇为溶剂,制得了 MC/PBS 复合膜。通过改变 MC 与 PBS 在六氟异丙醇中的质量比,制得不同质量比的 MC/PBS 复合膜。利用先进的表征测试手段对复合膜的化学结构、结晶状态、热稳定性、力学性能以及微观形貌等进行了表征与分析,并做了热压缩处理实验、回收实验、水溶性实验,对复合膜的综合性能做了全面的研究。主要结论如下:

(1)六氟异丙醇可以有效地同时溶解 MC 和 PBS,并形成均一透明的溶液。溶液通过在模具中铺膜、再生,可以简便有效地制得 MC/PBS 复合膜。

(2)扫描电镜照片显示,当 PBS 添加量较小时,MC/PBS 复合膜复合得较均匀,没有明显的分相现象。在 MC/PBS(7∶3)复合膜中,出现了较为严重的分相现象。在 MC/PBS(3∶7)复合膜中,开始出现明显的孔洞结构。红外光谱和固体核磁碳谱分析结果表明,MC 和 PBS 成功复合在一起,并且与溶剂均没有发生化学反应。MC 和 PBS 在溶剂中的溶解是物理过程。XRD 图谱分析表明,再生复合膜与原料 MC 和 PBS 的晶型结构相比发生了变化较大。热重分析结果表明,MC/PBS 复合膜的热分解温度比原料 MC 的高,但低于原料 PBS 的。PBS 的加入可使 MC/PBS 复合膜的热分解温度升高,增强复合膜的热稳定性。

(3)力学性能测试结果表明,当 PBS 在 MC/PBS 复合膜中含量较低时,PBS 的加入可增强复合膜的力学性能。同时,MC/PBS(9∶1)复合膜的综合力学性能最好。

(4)热压缩试验表明,热压缩处理可增强复合膜的拉伸强度与断裂伸长率。热压缩处理可改善复合膜的综合力学性能。

(5)复合膜回收实验结果表明,MC/PBS 复合膜可以实现再回收,且回收后再生的复合膜与原膜相比,力学性能几乎不发生变化。回收过程不会对复合膜的力学性能造成较大影响。

(6)耐水性实验表明,当 MC 在 MC/PBS 复合膜中含量高时,复合膜耐水性较差。MC 的存在,严重影响 MC/PBS 复合膜的耐水性。

参 考 文 献

[1] Huang A, Peng X, Geng L, et al. Electrospun (butylene succinate)/cellulose nanocrystals bio-nanocomposite scaffolds for tissue engineering: Preparation, characterization and in vitro evaluation [J]. Polymer Testing, 2018, 71: 101-109.

[2] Li Y D, Fu Q Q, Wang M, et al. Morphology, crystallization and rheological behavior in poly(butylene succinate)/cellulose nanocrystal nanocomposites fabricated by solution coagulation [J]. Carbohydrate Polymers, 2017, 164: 75-82.

[3] Zhang X, Wang X. Polybutylene succinate/cellulose nanocrystals: Role of phthalic anhydride in squeeze oriented bionanocomposites [J]. Carbohydrate Polymers, 2018, 196: 254-261.

[4] Zhou M, Fan M, Zhao Y. Effect of stretching on the mechanical properties in melt-spun poly(butylene succinate)/microfibrillated cellulose (MFC) nanocomposites [J]. Carbohydrate Polymers, 2016, 140: 383-392.

[5] Cihal P, Vopicka O, Lan? M, et al. Poly(butylene succinate)-cellulose triacetate blends: permeation, pervaporation, sorption and physical structure [J]. Polymer Testing, 2018, 65: 468-479.

［6］Shi K，Liu Y，Hu X，et al. Preparation，characterization，and biodegradation of poly(butylene succinate)/cellulose triacetate blends ［J］. International Journal of Biological Macromolecules，2018，114：373-380.

［7］Tachibana Y，Giang N T T，Ninomiya F，et al. Cellulose acetate butyrate as multifunctional additive for poly(butylene succinate) by melt blending：Mechanical properties，biomass carbon ratio，and control of biodegradability ［J］. Polymer Degradation and Stability，2010，95(8)：1406-1413.

［8］Phasawat C，Saowaroj C，Thanawadee L. Use of microcrystalline cellulose prepared from cotton fabric waste to prepare poly(butylene succinate) composites ［C］. Switzerland：Trans Tech Publications，2012：430-434.

第6章 甲基纤维素/聚乳酸复合膜的制备与表征

以不可再生的化石资源为原料生产的传统塑料制品在经历了几百年的辉煌后已经开始逐渐展现出它的弊端,与现在人们所追求的更高的生活标准格格不入,用绿色环保型且可生物降解产品替代化石基产品已成为社会共识。聚乳酸(PLA)由于其良好的可生物降解性、生物相容性、较高的力学强度以及来源广泛、价格低廉等优点,目前已经成为研究最多的友好型高分子材料。经过科学家的不断研究,已经有许多聚乳酸复合材料相继问世,扩大了聚乳酸的应用范围。目前报道较多的且最具使用价值的聚乳酸复合材料是纤维素/聚乳酸复合材料。现有的纤维素/聚乳酸复合材料主要有四类,第一类是天然植物纤维素/聚乳酸复合材料[1-6];第二类是细菌纤维素/聚乳酸复合材料[7,8];第三类是纳米纤维素/聚乳酸复合材料[9-15];第四类是纤维素衍生物/聚乳酸复合材料[16-18]。

本章利用六氟异丙醇为溶剂,溶解 MC 和 PLA,通过改变 MC 与 PLA 的质量比,制备出不同比例的 MC/PLA 复合膜。采用利用扫描电镜(SEM)、固体碳核磁、X 射线衍射(XRD)以及热重分析(TGA)表征手段,对 MC/PLA 复合膜的形貌结构和热性质进行研究,并考察 MC/PLA 质量比对复合膜的抗拉强度和断裂伸长率的影响。同时,选取其中一个比例的复合膜,研究 MC/PLA 复合膜可回收性。另外,还研究热压缩处理对复合膜的抗拉强度和断裂伸长率的影响,通过水溶性实验直观的展现出 MC/PLA 复合膜在蒸馏水中的情况,研究了不同 MC 含量对复合膜耐水性的影响。

6.1 实验部分

6.1.1 实验试剂及材料

主要实验试剂见表 6-1。

表6-1　主要实验试剂

名称	纯度	生产厂家
甲基纤维素（MC）	分析纯	阿法埃莎公司
聚乳酸	99％	阿拉丁生化科技股份有限公司
六氟异丙醇	99.5％	阿拉丁生化科技股份有限公司

6.1.2　实验仪器

主要实验仪器见表6-2。

表6-2　主要实验仪器

名称	型号	生产厂家
磁力搅拌器	98-2	上海司乐仪器有限公司
电子天平	FA2004N	上海菁海仪器有限公司
X射线衍射仪	D8 Advanced	德国 Bruker AXS
固体核磁共振仪	Advance Ⅲ 400M	德国 Bruker
综合热分析仪	DTA6300	日本精工株式会社
微机控制电子万能试验机	WDW-10	济南一诺世纪试验仪器有限公司
扫描电镜	JSM-5610LV	日本电子株式会社
电热式半自动平板硫化机	63T	成都力士液压制造有限公司

6.1.3　纤维素/PLA复合膜的制备

在放有磁转子的比色管中加入一定量的六氟异丙醇、MC和PLA，盖上盖子在室温下搅拌，最终得到均一透明的溶液。溶液在通风橱中静置2 h以确保溶液中的气泡挥发完全，然后将溶液倒入自制模具中并将模具放在通风橱中已调平的天平上自然晾干即得复合膜。通过调整MC与PLA的质量比制得不同MC/PLA质量比的复合膜MC/PLA($x:y$)，$x:y$为MC与PLA的质量比。

6.1.4　纤维素/PLA复合膜的表征

所制备样品的内部微观形貌利用扫描电子显微镜（SEM）观察。将样品膜在液氮中冷冻并脆断,用导电胶带粘贴到载物台上,在断口上喷金,对其断口进行扫描电镜观察并拍照记录。

样品的固体核磁碳谱用固体核磁共振仪测定。将质量为 $100\sim200$ mg 的样品研磨成细粉状,放入样品管中,在固体核磁共振仪上利用魔角旋转测出样品的碳谱,记录数据。

实验中选取大小合适,表面平整的样品膜,平整均匀地放在载物台中央。使用 Bruker D8 型 X 射线衍射仪进行 XRD 的表征。衍射角度 2θ 范围为 $4°\sim60°$。

采用综合热分析仪进行热重的表征与分析。将大约 10 mg 的样品放在铝制坩埚中,再放入内置天平上,等到天平稳定后从室温开始,以 $10℃/$ min 的速率逐渐升温到 $700℃$,全程用 N_2 保护。以空失重曲线为基准,记录所测样品的失重曲线。

6.1.5　纤维素/聚乳酸复合膜的力学性能

将样品用标准裁刀(4 mm $\times75$ mm)裁成 4 mm $\times75$ mm 的哑铃状,实验前将样品放入盛有饱和氯化钠水溶液(RH $=75\%$)的干燥器中进行调湿。依照塑料拉伸性能试验(GB/T1040.1-2006)做单轴向拉伸测试,恒定拉伸速率为 2 mm/min。测定前使用游标卡尺准确测量每个样品的厚度,每个样平行测定五次,并求平均值作为最终数据。

6.1.6　纤维素/PLA 复合膜力学性能的热压缩实验

本实验所用 PLA 的熔点为 $155℃$,MC 无熔点。选取 MC/PLA($1:1$) 的复合膜以恒定 10 MPa 的压力、$140℃$ 的温度热压缩 10 min,然后在保持压力的条件下自然冷却至室温。选取两块 MC/PLA($97:3$)复合膜分别以恒定 10 MPa 的压力、$140℃$ 和 $120℃$ 的温度热压缩 10 min,然后在保持压力的条件下自然冷却至室温。对热压缩后的样品进行力学性能的测定,测定方法同 $6.1.5$。

6.1.7　纤维素/PLA 复合膜的回收实验

将成品 MC/PLA($1:1$)复合膜溶于六氟异丙醇中重新再生成 MC/PLA($1:1$)复合膜实现对 MC/PLA 复合膜的回收。对重新再生的 MC/PLA($1:1$)复合膜进行力学性能测试(测试方法同 $6.1.5$)并与原始 MC/

PLA(1∶1)复合膜进行对比。

6.1.8 纤维素/PLA 复合膜的耐水性实验

选取相同质量的 MC/PLA(1∶1)、MC/PLA(3∶7)、MC/PLA(1∶9)三种复合膜,分别放入盛有相同质量蒸馏水的 50 mL 比色管中在室温下进行搅拌。观察比色管中复合膜的耐水性情况,并拍照记录。

6.2 纤维素/PLA 复合膜的形貌分析

图 6-1 为 MC/PLA 复合膜扫描电镜图。从图 6-1 中可以看出,当 PLA 添加量较小时,MC/PLA 复合膜两相复合较均匀。当 PLA 含量进一步增大时, MC/PLA 复合膜中开始出现较为明显的孔洞结构。这是因为,当 PLA 含量较低时,PLA 高分子和 MC 高分子在溶剂中以分子状态均匀分布。两者在成膜的过程中,由于彼此相互缠绕,导致 MC 高分子和 PLA 高分子自身不能聚集在一起,两者仍然以分子混合状态均匀地成膜。也就是说,在复合膜中两者分布得较均匀。但是,当 PLA 含量进一步增大时,由于 PLA 高分子互相聚集在一起,导致产生相分离,以致最终在复合体系中出现大量孔洞。

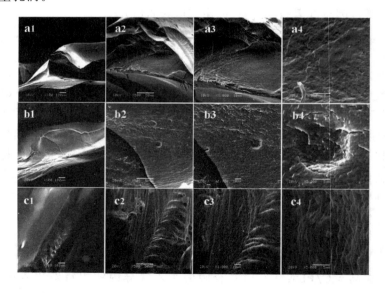

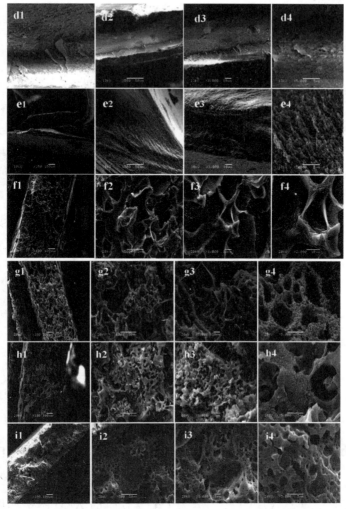

图 6-1　扫描电镜图:纯 MC 膜断面,分别放大(a1)100 倍,(a2)500 倍,(a3)1000 倍,
(a4)5000 倍;MC/PLA(99∶1)复合膜断面,分别放大(b1)100 倍,(b2)500 倍,(b3)
1000 倍,(b4)5000 倍;MC/PLA(97∶3)复合膜断面,分别放大(c1)100 倍,(c2)500
倍,(c3)1000 倍,(c4)5000 倍;MC/PLA(95∶5)复合膜断面,分别放大(d1)100 倍,
(d2)500 倍,(d3)1000 倍,(d4)5000 倍;MC/PLA(9∶1)复合膜断面,分别放大(e1)
100 倍,(e2)500 倍,(e3)1000 倍,(e4)5000 倍;MC/PLA(7∶3)复合膜断面,分别放大
(f1)100 倍,(f2)500 倍,(f3)1000 倍,(f4)5000 倍;MC/PLA(1∶1)复合膜断面,分别
放大(g1)100 倍,(g2)500 倍,(g3)1000 倍,(g4)5000 倍;MC/PLA(3∶7)复合膜断面,
分别放大(h1)100 倍,(h2)500 倍,(h3)1000 倍,(h4)5000 倍;MC/PLA(1∶9)复合膜
断面,分别放大(i1)100 倍,(i2)500 倍,(i3)1000 倍,(i4)5000 倍

6.3　纤维素/PLA 复合膜的固体核磁碳谱分析

原料 MC、再生 PLA 及 MC/PLA（1∶1）复合膜的固体核磁碳谱如图 6-2 所示。从固体核磁碳谱上可以看到，原料 MC 和 PLA 的固体核磁碳谱特征峰在 MC/PLA（1∶1）复合膜的固体核磁碳谱上均有体现。这表明，MC 和 PLA 成功复合，且复合过程中 MC 和 PLA 与溶剂之间以及 MC 与 PLA 之间均没有发生化学反应。MC 和 PLA 在溶剂中的溶解是物理过程。

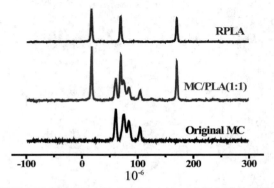

图 6-2　原料 MC、再生 PLA 及 MC/PLA（1∶1）复合膜的固体核磁碳谱

6.4　纤维素/PLA 复合膜的 XRD 分析

原料 MC、再生 PLA 以及 MC/PLA 复合膜的 XRD 图谱如图 6-3 所示。从图 6-3 中可以看出，在 MC/PLA 复合膜中，MC 和 PLA 的典型衍射峰消失。这说明，MC 和 PLA 复合后所得的复合膜晶型结构与原料有较大差别。复合膜中的 MC 和 PLA 呈无定形状态。在制备复合膜的过程中，MC 和 PLA 中部分结晶区被破坏形成了无定形区，晶体结构发生了较大变化。这是因为，MC 和 PLA 从溶剂中析出成膜的过程中，两者相互干扰或缠绕，从而阻碍了 MC 和 PLA 的再结晶。

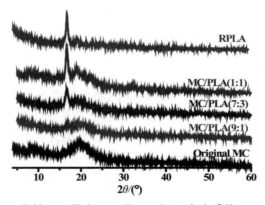

图 6-3 原料 MC、再生 PLA 及 MC/PLA 复合膜的 XRD 谱图

6.5 纤维素/PLA 复合膜的热重分析

原料 MC、原料 PLA 以及 MC/PLA 复合膜的热重如图 6-4 所示。从图 6-4 中可以看出,原料 MC 的热分解温度为 343℃;原料 PLA 的热分解温度为 332℃。MC/PLA(9∶1)复合膜的热分解温度为 301℃;MC/PLA(7∶3)复合膜的热分解温度为 308℃;MC/PLA(1∶1)复合膜的热分解温度为 335℃;MC/PLA(3∶7)复合膜的热分解温度为 338℃;MC/PLA(1∶9)复合膜的热分解温度为 341℃。从热分解温度数据中可以看出,随着复合膜中 PLA 含量的增加,复合膜的热分解温度逐渐升高。这说明,将 PLA 和 MC 进行复合可提高复合膜的热稳定性。

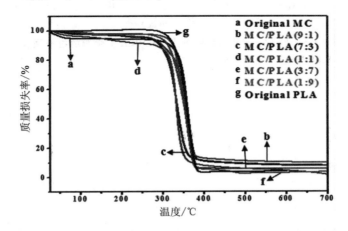

图 6-4 原料 MC、原料 PLA 及 MC/PLA 复合膜的 TGA 曲线

6.6 纤维素/PLA 复合膜的力学性能分析

纯 MC 膜以及 MC/PLA 复合膜的拉伸强度和断裂伸长率（数据见附录 B，表 5）分别如图 6-5 和图 6-6 所示。从图 6-5 中可以明显看出，随着复合膜中 PLA 含量的增加，复合膜的拉伸强度先增大后减小。MC/PLA（97：3）复合膜的拉伸强度达到最大值。这说明，当 PLA 添加量较小时，PLA 的加入对复合膜的力学性能起到一定的增强作用。此外，从图 6-6 中可以看出，随着复合膜中 PLA 含量的增加，复合膜的断裂伸长率先增大后减小。MC/PLA（97：3）复合膜的断裂伸长率达到最大值。这说明，当 PLA 添加量较小时，PLA 的加入对复合膜的柔韧性起到一定的增强作用。

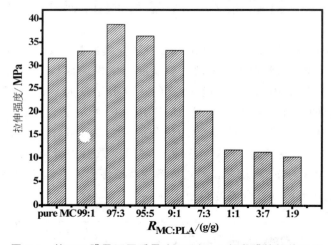

图 6-5　纯 MC 膜及不同质量比 MC/PLA 复合膜的拉伸强度

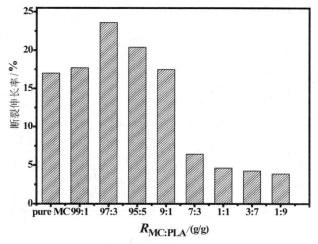

图 6-6　纯 MC 膜及不同质量比 MC/PLA 复合膜的断裂伸长率

6.7　热压缩对纤维素/PLA 复合膜力学性能的影响分析

　　热压缩前后复合膜的拉伸强度和断裂伸长率分别如图 6-7 和图 6-8 所示。从图 6-7 中可以看出，原 MC/PLA(97∶3)复合膜的拉伸强度为 38.77 MPa，经过 120℃、10 MPa 热压缩后拉伸强度增至 38.92 MPa；经过 140℃、10 MPa 热压缩后拉伸强度增至 40.44 MPa。原 MC/PLA(1∶1)复合膜的拉伸强度为 11.75 MPa，经过 140℃、10 MPa 热压缩后，拉伸强度增至 16.67 MPa。从拉伸强度数据中可以看出，经过热压缩后复合膜的拉伸强度均有所提高。这说明，热压缩处理可增强复合膜的力学性能。这是因为，热压缩可使 PLA 分子在复合膜中重新分布，有效减少 PLA 的团聚和相分离现象，使复合膜更加密实。

　　从图 6-8 中可以看出，复合膜经过热压缩后，断裂伸长率也有所增加。这说明，热压缩可增强复合膜的柔韧性。

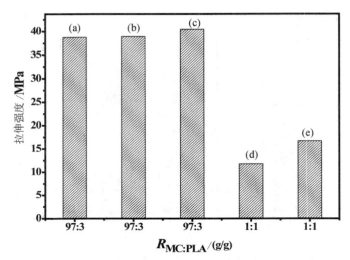

图 6-7　热压缩前后 MC/PLA 复合膜的拉伸强度

(a)原 MC/PLA(97∶3)复合膜;(b)经过 120℃,10 MPa 热压缩后的 MC/PLA(97∶
3)复合膜;(c)经过 140℃,10 MPa 热压缩后的 MC/PLA(97∶3)复合膜;(d)原 MC/
PLA(1∶1)复合膜;(e)经过 140℃,10 MPa 热压缩后的 MC/PLA(1∶1)复合膜

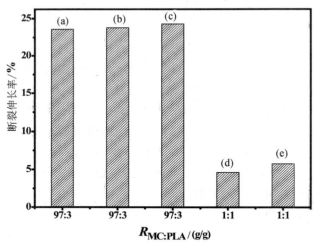

图 6-8　热压缩前后 MC/PLA 复合膜的断裂伸长率

(a)原 MC/PLA(97∶3)复合膜;(b)经过 120℃,10 MPa 热压缩后的 MC/PLA
(97∶3)复合膜;(c)经过 140℃,10 MPa 热压缩后的 MC/PLA(97∶3)复合膜;
(d)原 MC/PLA(1∶1)复合膜;(e)经过 140℃,10 MPa 热压缩后的 MC/PLA
(1∶1)复合膜

6.8　纤维素/PLA 复合膜的回收及再生回收膜的力学性能分析

MC/PLA(1∶1)复合膜回收前后的拉伸强度和断裂伸长率分别如图 6-9和图 6-10 所示。从图 6-9 和图 6-10 中可以看出,回收前后复合膜具有相似的力学性能。这说明,回收过程不会对复合膜的力学性能造成影响。该复合膜可以实现回收利用。

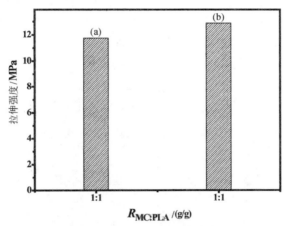

图 6-9　复合膜拉伸强度

(a)原 MC/PLA(1∶1)复合膜;(b)回收的 MC/PLA(1∶1)复合膜

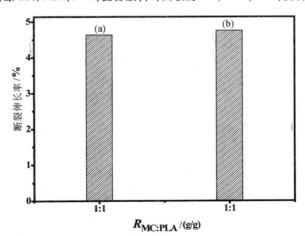

图 6-10　复合膜的断裂伸长率

(a)原 MC/PLA(1∶1)复合膜;(b)回收的 MC/PLA(1∶1)复合膜

6.9　纤维素/PLA 复合膜的耐水性分析

　　搅拌 4 h 后,三支比色管中复合膜的耐水性情况对比如图 6-11 所示。从图 6-11 中可以看到,MC/PLA(1∶1)复合膜在水中经过搅拌后形成悬浮液,肉眼观察明显可见(a)管中液体较浑浊。(b)管中液体较(a)管中澄清,(c)管中的液体最澄清。由此可以推断,继续增加复合膜中 MC 的含量,复合膜的耐水性更差。这是因为 MC 本身是溶于水的,当复合膜在水中搅拌时,MC 析出后分散到水中使溶液变浑浊。当复合膜中 MC 含量越大,浑浊也越明显。该复合膜不适宜在含水量较高的环境下使用。

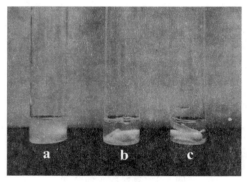

图 6-11　MC/PLA 复合膜的水溶情况对比
(a) MC/PLA(1∶1)复合膜;(b) MC/PLA(3∶7)复合膜;(c) MC/PLA(1∶9)复合膜

6.10　结论

　　本章以 MC 和 PLA 为原料、六氟异丙醇为溶剂制得了 MC/PLA 复合膜。通过改变 PLA 在 MC/PLA 复合膜中的质量分数制得不同质量比的 MC/PLA 复合膜。利用先进的表征测试手段对复合膜的化学结构、结晶状态、热稳定性、力学性能以及微观形貌等进行了表征与分析,并做了热压缩处理实验、回收实验、水溶性实验,对复合膜的综合性能做了全面的研究。主要结论如下:

　　(1)六氟异丙醇可以有效地同时溶解 MC 和 PLA 并形成均一透明的溶液。溶液通过在模具中铺膜、再生,可以简便有效地制得 MC/PLA 复合膜。

（2）扫描电镜照片显示，当 PLA 添加量较小时，MC 和 PLA 复合膜复合得较均匀，没有出现明显的孔洞结构。在 MC/PLA（7∶3）复合膜中开始出现了明显的孔洞结构。固体核磁碳谱结果表明，MC 和 PLA 成功复合在一起，并且 MC 和 PLA 与溶剂之间以及 MC 和 PLA 之间均没有发生化学反应。MC 和 PLA 在溶剂中的溶解均是物理过程。XRD 分析结果表明，MC 和 PLA 在复合后晶型结构与原料相比发生了较大变化。MC 和 PLA 中部分结晶区变为无定形区。热重分析结果表明，随着 PLA 添加量的增加，复合膜的热分解温度逐渐升高，热稳定性升高。

（3）力学性能测试结果表明，当 PLA 在复合膜中添加量较低时，PLA 的加入对复合膜的力学性能起到一定增强作用。MC/PLA（97∶3）复合膜的力学性能最佳。

（4）热压缩试验表明，热压缩处理可增强复合膜的拉伸强度与断裂伸长率。热压缩温度的升高对复合膜力学性能的增强作用较小，热压缩处理温度的变化不会严重影响 MC/PLA 复合膜的力学性能。

（5）复合膜回收实验结果表明，MC/PLA 复合膜可以实现再回收且回收后再生的复合膜与原膜相比力学性能几乎不发生变化。

（6）水溶性实验表明，当 MC 在 MC/PLA 复合膜中含量高时 MC/PLA 复合膜耐水性较差，MC 的添加量越大 MC/PLA 复合膜的耐水性越差。

参 考 文 献

[1] Oksman K，Skrifvars M，Selin J F. Natural fibres as reinforcement in polylactic acid（PLA）composites [J]. Composites Science and Technology，2003，63(9)：1317-1324.

[2] Bulota M，Budtova T. Highly porous and light-weight flax/PLA composites. Industrial Crops and Products [J]，2015，74：132-138.

[3] Nishino T，Hira K，Kotera M，et al. Kenaf reinforced biodegradable composite [J]. Composites Science and Technology，2003，63(9)：1281-1286.

[4] Plackett D，Andersen T L，Pedersen W B，et al. Biodegradable composites based on L-polylactide and jute fibres [J]. Composites Science and Technology，2003，63:1287-1296.

[5] Lee S H，Wang S Q. Biodegradable polymers/bamboo fiber bio-

composite with bio-based coupling agent [J]. Composites Part A, 2006, 37(1): 80-91.

[6] Sukmawan R, Takagi H, Nakagaito A N. Strength evaluation of cross-ply green composite laminates reinforced by bamboo fiber [J]. Composites Part B, 2016, 84: 9-16.

[7] Paximada P, Tsouko E, Kopsahelis N, et al. Bacterial cellulose as stabilizer of o/w emulsions [J]. Food Hydrocolloids, 2016, 53: 225-232.

[8] Luddee M, Pivsa-Art S, Sirisansaneeyakul S, et al. Particle size of ground bacterial cellulose affecting mechanical, thermal, and moisture barrier properties of PLA/BC biocomposites [J]. Energy Procedia, 2014, 56: 211-218.

[9] Oksman K, Mathew A P, Bondeson D, et al. Manufacturing process of cellulose whiskers/polylactic acid nanocomposites [J]. Composites Science and Technology, 2006, 66(15): 2776-2784.

[10] Petersson L, Kvien I, Oksman K. Structure and thermal properties of poly (lactic acid)/cellulose whiskers nanocomposite materials [J]. Composites Science and Technology, 2007, 67(11−12): 2535-2544.

[11] Jonoobi M, Harun J, Mathew A P, et al. Mechanical properties of cellulose nanofiber (CNF) reinforced polylactic acid (PLA) prepared by twin screw extrusion [J]. Composites Science and Technology, 2010, 70 (12): 1742-1747.

[12] Iwatake A, Nogi M, Yano H. Cellulose nanofiber-reinforced polylactic acid [J]. Composites Science and Technology, 2008, 68(9): 2103-2106.

[13] Nakagaito A N, Fujimura A, Sakai T, et al. Production of microfibrillated cellulose (MFC)-reinforced polylactic acid (PLA) nanocomposites from sheets obtained by a papermaking-like process [J]. Composites Science and Technology, 2009, 69(7−8): 1293-1297.

[14] Suryanegara L, Nakagaito A N, Yano H. The effect of crystallization of PLA on the thermal and mechanical properties of microfibrillated cellulose-reinforced PLA composites [J]. Composites Science and Technology, 2009, 69(7−8): 1187-1192.

[15] Wang T, Drzal L T. Cellulose-nanofiber-reinforced poly (lactic acid) composites prepared by a water-based approach [J]. ACS Applied

Materials & Interfaces, 2012, 4(10): 5079-5085.

[16] Qian S P, Sheng K C. PLA toughened by bamboo cellulose nanowhiskers: role of silane compatibilization on the PLA bionanocomposite properties [J]. Composites Science and Technology, 2017, 148: 59-69.

[17] Teramoto Y, Nishio Y. Cellulose diacetate-graft-poly (lactic acid) s: synthesis of wide-ranging compositions and their thermal and mechanical properties [J]. Polymer, 2003, 44(9): 2701-2709.

[18] Tcramoto Y, Nishio Y. Biodegradable cellulose diacetate-graft-poly(l-lactide)s: enzymatic hydrolysis behavior and surface morphological characterization [J]. Biomacromolecules, 2004, 5(2): 407-414.

[19] Ogata N, Tatsushima T, Nakane K, et al. Structure and physical properties of cellulose acetate/poly(L-lactide) blends [J]. Journal of Applied Polymer Science, 2002, 85(6): 1219-1226.

第7章 纤维素/聚对苯二甲酸乙二醇酯复合膜的制备与表征

聚对苯二甲酸乙二醇酯(PET)是常用的一次性塑料用品的原料,也是五大工程塑料之一[1-5]。具有无毒、拉伸强度高、耐磨性高、加工成型强等优点。但是,PET 塑料在自然环境中难以生物降解,所以使用后的 PET 塑料被丢弃后,会在我们的生活环境中不断积累造成"白色污染",不仅影响生存环境的美观,而且还污染环境。

纤维素是一种公认的廉价易得的绿色环保型可生物降解原料[6-9],使用后被丢弃到自然环境中可被生物降解为二氧化碳和水,不污染环境。但是,纯纤维素膜脆,实用性差[10-12]。

基于以上事实,将纤维素与 PET 做成生活中常见的复合膜材料。将 PET 的拉伸强度高、耐磨性高、加工成型强等优点,与纤维素的廉价易得、绿色环保、可生物降解等优点相结合,希望能制备出兼具两者优点的复合膜。而且,根据经过查阅有关文章,纤维素有促进聚酯降解的作用,将纤维素与 PET 做成复合膜后,难以降解的 PET 有可能被降解。因此,纤维素/PET 复合膜很有可能是一种潜在的可生物降解材料,PET 的使用产生的"白色污染"问题的解决也有望成为可能。

本章利用六氟异丙醇为溶剂,溶解 MC 和 PET,通过改变 MC 与 PET 的质量比,制备出不同比例的 MC/PET 复合膜。采用利用扫描电镜(SEM)、固体碳核磁、X 射线衍射(XRD)以及热重分析(TGA)表征手段,对 MC/PET 复合膜的形貌结构和热性质进行研究,并考察 MC/PET 质量比对复合膜的抗拉强度和断裂伸长率的影响。同时,选取其中一个比例的复合膜,研究 MC/PET 复合膜可回收性。另外,还研究热压缩处理对复合膜的抗拉强度和断裂伸长率的影响,通过水溶性实验直观的展现出 MC/PET 复合膜在蒸馏水中的情况,研究了不同 MC 含量对复合膜耐水性的影响。

7.1　实 验 部 分

7.1.1　实验试剂及材料

聚对苯二甲酸乙二醇酯(PET),取材于 500 mL 康师傅矿泉水瓶。主要实验试剂见表 7-1。

表 7-1　主要实验试剂

名称	纯度	生产厂家
甲基纤维素(MC)	分析纯	阿法埃莎公司
六氟异丙醇	99.5%	阿拉丁生化科技股份有限公司

7.1.2　实验仪器

主要实验仪器见表 7-2。

表 7-2　主要实验仪器

名称	型号	生产厂家
磁力搅拌器	98-2	上海司乐仪器有限公司
电子天平	FA2004N	上海菁海仪器有限公司
X 射线衍射仪	D8 Advanced	德国 Bruker AXS
固体核磁共振仪	Advance Ⅲ 400M	德国 Bruker
综合热分析仪	DTA6300	日本精工株式会社
微机控制电子万能试验机	WDW-10	济南一诺世纪试验仪器有限公司
扫描电镜	JSM-5610LV	日本电子株式会社
电热式半自动平板硫化机	63T	成都力士液压制造有限公司

7.1.3　纤维素/PET 复合膜的制备

在放有磁转子的比色管中加入一定量的六氟异丙醇、MC 和 PET,盖上盖子在室温下搅拌,最终得到均一透明的溶液。溶液在通风橱中静置 2 h

— 123 —

以确保溶液中的气泡挥发完全,然后将溶液倒入自制模具中并将模具放在通风橱中已调平的天平上自然晾干即得复合膜。通过调整 MC 与 PET 的质量比,制得不同 MC/PET 质量比的复合膜 MC/PET(x : y),x : y 为 MC 与 PET 的质量比。

7.1.4 纤维素/PET 复合膜的表征

所制备样品的内部微观形貌利用扫描电子显微镜(SEM)观察。将样品膜在液氮中冷冻并脆断,用导电胶带粘贴到载物台上,在断口上喷金,对其断口进行扫描电镜观察并拍照记录。

样品的固体核磁碳谱用固体核磁共振仪测定。将质量为 $100 \sim 200$ mg 的样品研磨成细粉状,放入样品管中,在固体核磁共振仪上利用魔角旋转测出样品的碳谱,记录数据。

实验中选取大小合适,表面平整的样品膜,平整均匀地放在载物台中央。使用 Bruker D8 型 X 射线衍射仪进行 XRD 的表征。衍射角度 2θ 范围为 $4° \sim 60°$。

采用综合热分析仪进行热重的表征与分析。将大约 10 mg 的样品放在铝制坩埚中,再放入内置天平上,等到天平稳定后从室温开始,以 10℃ / min 的速率逐渐升温到 700℃,全程用 N_2 保护。以空失重曲线为基准,记录所测样品的失重曲线。

7.1.5 纤维素/PET 复合膜的力学性能

将样品用标准裁刀(4 mm×75 mm)裁成 4 mm×75 mm 的哑铃状,实验前将样品放入盛有饱和氯化钠水溶液($RH=75\%$)的干燥器中进行调湿。依照塑料拉伸性能试验(GB/T1040.1—2006)做单轴向拉伸测试,恒定拉伸速率为 2 mm/min。测定前使用游标卡尺准确测量每个样品的厚度,每个样平行测定五次,并求平均值作为最终数据。

7.1.6 纤维素/PET 复合膜的耐水性实验

选取相同质量的 MC/PET(1 : 1)、MC/PET(3 : 7)、MC/PET(1 : 9) 三种复合膜,分别放入盛有相同质量蒸馏水的 50 mL 比色管中在室温下进行搅拌。观察比色管中复合膜的耐水性情况,并拍照记录。

7.2　纤维素/PET 复合膜的形貌分析

图 7-1 为 MC/PET 复合膜扫描电镜图。从图 7-1 中可以看出，当 PET 添加量较小时，MC/PET 复合膜两相复合较均匀。当 PET 含量进一步增大时，MC/PET 复合膜中开始出现较为明显的团聚现象。这是因为，当 PET 含量较低时，PET 高分子和 MC 高分子在溶剂中以分子状态均匀分布。两者在成膜的过程中，由于彼此相互缠绕，导致 MC 高分子和 PET 高分子自身不能聚集在一起，两者仍然以分子混合状态均匀的成膜。也就是说，在复合膜中两者分布得较均匀。但是，当 PET 含量进一步增大时，由于 PET 高分子互相聚集在一起，导致产生团聚，以致最终在复合体系中出现大量球状结构。

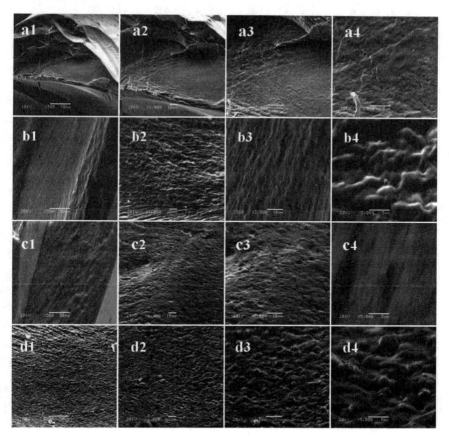

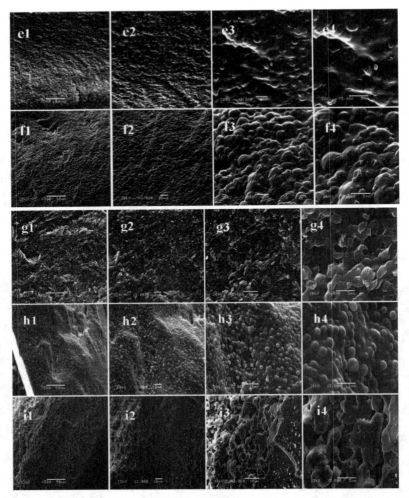

图7-1　扫描电镜图:纯MC膜断面,分别放大(a1)500倍,(a2)1000倍,(a3)2000倍,(a4)5000倍;MC/PET(99∶1)复合膜断面,分别放大(b1)500倍,(b2)1000倍,(b3)2000倍,(b4)5000倍;MC/PET(97∶3)复合膜断面,分别放大(c1)500倍,(c2)1000倍,(c3)2000倍,(c4)5000倍;MC/PET(95∶5)复合膜断面,分别放大(d1)500倍,(d2)1000倍,(d3)2000倍,(d4)5000倍;MC/PET(9∶1)复合膜断面,分别放大(e1)500倍,(e2)1000倍,(e3)2000倍,(e4)5000倍;MC/PET(7∶3)复合膜断面,分别放大(f1)500倍,(f2)1000倍,(f3)2000倍,(f4)5000倍;MC/PET(1∶1)复合膜断面,分别放大(g1)500倍,(g2)1000倍,(g3)2000倍,(g4)5000倍;MC/PET(3∶7)复合膜断面,分别放大(h1)500倍,(h2)1000倍,(h3)2000倍,(h4)5000倍;MC/PET(1∶9)复合膜断面,分别放大(i1)500倍,(i2)1000倍,(i3)2000倍,(i4)5000倍

7.3　纤维素/PET 复合膜的固体核磁碳谱分析

原料 MC、再生 PET 及 MC/PET(1∶1)复合膜的固体核磁碳谱如图 7-2。从固体核磁碳谱上可以看到,原料 MC 和 PET 的固体核磁碳谱特征峰在 MC/PET(1∶1)复合膜的固体核磁碳谱上均有体现。这表明,MC 和 PET 成功复合,且复合过程中 MC 和 PET 与溶剂之间以及 MC 与 PET 之间均没有发生化学反应。MC 和 PET 在溶剂中的溶解是物理过程。

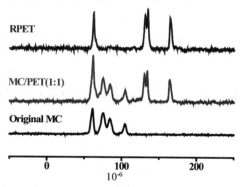

图 7-2　原料 MC、再生 PET 及 MC/PET(1∶1)复合膜的固体核磁碳谱

7.4　纤维素/PET 复合膜的 XRD 分析

原料 MC、再生 PET 以及 MC/PET 复合膜的 XRD 图谱如图 7-3 所示。从图 7-3 中可以看出,在 MC/PET 复合膜中,MC 和 PET 的典型衍射峰消失。这说明,MC 和 PET 复合后所得的复合膜晶型结构与原料有较大差别。复合膜中的 MC 和 PET 呈无定形状态。在制备复合膜的过程中,MC 和 PET 中部分结晶区被破坏形成了无定形区,晶体结构发生了较大变化。这是因为,MC 和 PET 从溶剂中析出成膜的过程中,两者相互干扰或缠绕,从而阻碍了 MC 和 PET 的再结晶。

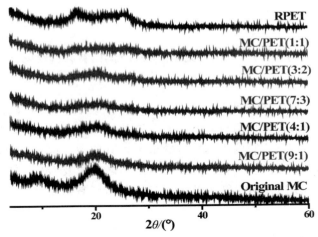

图 7-3 原料 MC、再生 PET 及 MC/PET 复合膜的 XRD 谱图

7.5 纤维素/PET 复合膜的热重分析

原料 MC、原料 PET 以及 MC/PET 复合膜的热重如图 7-4 所示。从图 7-4 中可以看出,原料 MC 的热分解温度为 343℃;原料 PET 的热分解温度为 424℃。MC/PET(9∶1)复合膜的热分解温度为 347℃;MC/PET(7∶3)复合膜的热分解温度为 358℃;MC/PET(1∶1)复合膜的热分解温度为 359℃;MC/PET(3∶7)复合膜的热分解温度为 363℃;MC/PET(1∶9)复合膜的热分解温度为 378℃。从热分解温度数据中可以看出,随着复合膜中 PET 含量的增加,复合膜的热分解温度逐渐升高。这说明,将 PET 和 MC 进行复合,可提高复合膜的热稳定性。

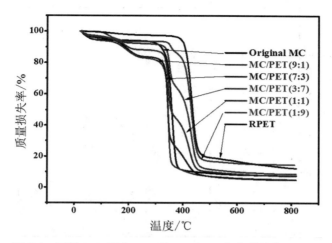

图 7-4　原料 MC、再生 PET 及 MC/PET 复合膜的热重曲线

7.6　纤维素/PET 复合膜的力学性能分析

　　纯 MC 膜以及 MC/PET 复合膜的拉伸强度和断裂伸长率(数据见附录B,表 6)分别如图 7-5 和图 7-6 所示。从图 7-5 中可以明显看出,随着复合膜中 PET 含量的增加,复合膜的拉伸强度先增大后减小。MC/PET(97∶3)复合膜的拉伸强度达到最大值。这说明,当 PET 添加量较小时,PET 的加入对复合膜的力学性能起到一定的增强作用。此外,从图 7-6 中可以看出,随着复合膜中 PET 含量的增加,复合膜的断裂伸长率逐渐增大。这说明,PET 的加入对复合膜的柔韧性起到一定的增强作用。

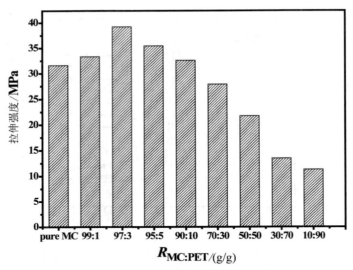

图 7-5　纯 MC 膜及不同质量比 MC/PET 复合膜的拉伸强度

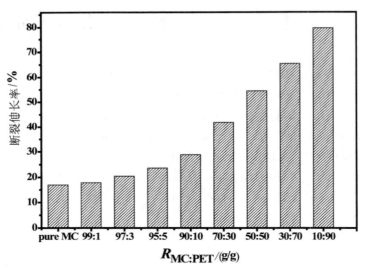

图 7-6　纯 MC 膜及不同质量比 MC/PET 复合膜的断裂伸长率

7.7　纤维素/PET 复合膜的耐水性分析

搅拌 4 h 后,三支比色管中复合膜的耐水性情况对比如图 7-7 所示。从图 7-7 中可以看到,MC/PET(1∶1)复合膜在水中经过搅拌后形成悬浮

液,肉眼观察明显可见(a)管中液体较浑浊。(b)管中液体较(a)管中澄清,
(c)管中的液体最澄清。由此可以推断,继续增加复合膜中 MC 的含量,复
合膜的耐水性更差。这是因为 MC 本身是溶于水的,当复合膜在水中搅拌
时,MC 析出后分散到水中使溶液变浑浊。当复合膜中 MC 含量越大,浑浊
也越明显。该复合膜不适宜在含水量较高的环境下使用。

图 7-7　MC/PET 复合膜的水溶情况对比
(a) MC/PET(1∶1)复合膜;
(b) MC/PET(3∶7)复合膜;(c) MC/PET(1∶9)复合膜

7.8　结论

本章以 MC 和 PET 为原料,六氟异丙醇为溶剂制得了 MC/PET 复合
膜。通过改变 PET 在 MC/PET 复合膜中的质量分数制得不同质量比的
MC/PET 复合膜。利用先进的表征测试手段对复合膜的化学结构、结晶状
态、热稳定性、力学性能以及微观形貌等进行了表征与分析,并做了水溶性
实验,对复合膜的综合性能做了全面的研究。主要结论如下:

(1)六氟异丙醇可以有效地同时溶解 MC 和 PET 并形成均一透明的溶
液。溶液通过在模具中铺膜、再生,可以简便有效地制得 MC/PET 复合膜。

(2)扫描电镜照片显示,当 PET 添加量较小时,MC 和 PET 复合膜复
合得较均匀,没有出现明显的团聚。在 MC/PET(7∶3)复合膜中开始出现
了明显的团聚。固体核磁碳谱结果表明,MC 和 PET 成功复合在一起,并
且 MC 和 PET 与溶剂之间以及 MC 和 PET 之间均没有发生化学反应。
MC 和 PET 在溶剂中的溶解均是物理过程。XRD 分析结果表明,MC 和
PET 在复合后晶型结构与原料相比发生了较大变化。MC 和 PET 中部分
结晶区变为无定形区。热重分析结果表明,随着 PET 添加量的增加,复合

膜的热分解温度逐渐升高,热稳定性升高。

(3)力学性能测试结果表明,当 PET 在复合膜中添加量较低时,PET 的加入对复合膜的力学性能起到一定增强作用。MC/PET(97∶3)复合膜的力学性能最佳。

(4)水溶性实验表明,当 MC 在 MC/PET 复合膜中含量高时 MC/PET 复合膜耐水性较差,MC 的添加量越大 MC/PET 复合膜的耐水性越差。

参 考 文 献

[1]Dombre C, Rigou P, Wirth J, et al. Aromatic evolution of wine packed in virgin and recycled PET bottles [J]. Food Chemistry, 2015, 176: 376-387.

[2] Fang C, Lei W, Zhou X, et al. Preparation and characterization of waterborne polyurethane containing PET waste/PPG as soft segment [J]. Journal of applied polymer science, 2015, 132(45): 42757-42771.

[3] Muiruri J K, Liu S L, Teo W S, et al. Highly biodegradable and tough polylactic acid-cellulose nanocrystal composite [J]. ACS Sustainable Chemistry & Engineering, 2017, 5(5): 3929-3937.

[4] Lim L T, Auras R, Rubino M. Processing technologies for poly (lactc acid) [J]. Progress in Polymer Science,2008, 33(8): 820-852.

[5] Herrera N, Roch H, Salaberria A M, et al. Functionalized blown films of plasticized polylactic acid/chitin nanocomposite: Preparation and characterization [J]. Materials & Design, 2016;92;846-52.

[6] 张金明,张军. 基于纤维素的先进功能材料 [J]. 高分子学报, 2010, 12(11): 1376-1398.

[7] Xia Y, Larock R C. Vegetable oil-based polymeric materials: synthesis, properties, and applications [J]. Green Chemistry, 2010, 12 (11): 1893-1909.

[8] Dutta S K, Kim J H, Ide Y S. 3D network of cellulose-based energy storage devices and related emerging applications [J]. Materials Horizons, 2017, 4(4): 522-545.

[9] Ragauskas A J Williams C K Davison B H, et al. The path forward for biofuels and biomaterials [J]. Science, 2006, 311 (5760): 484-489.

[10] Himmel M E ,Ding S Y, Johnson D K, et al. D Biomass recalcitrance: Engineering plants and enzymes for biofuels production [J]. Science, 2007, 315(5813): 804-807.

[11] Hirosawa K, Fujii K, Hashimoto K, et al. Solvated structure of cellulose in a phosphonate-based ionic liquid [J]. Macromolecules, 2017, 50(17): 6509-6517.

[12] Maeda A, Inoue T, Sato T. Dynamic segment size of the cellulose chain in an ionic liquid [J]. Macromolecules, 2013, 46 (17): 7118-7124.

第8章 玉米芯生物质气凝胶的制备与表征

气凝胶是一种由量级极低的微粒或高聚物分子彼此交联得到的新型高度多孔固体材料[1]。气凝胶以气体为分散介质，它具有纳米级的网络孔隙结构、低传热性、低折射系数、低声速、声阻抗高等特点[2,3]。大体上，传统气凝胶分为三种：无机、有机和复合气凝胶。相比之下，作为新型的材料，木质纤维素气凝胶性能更优越，是天然高分子材料，故受到研究者的关注。

本章拟采用 80 目的玉米芯为原料，离子液体胆碱丁酸盐（[Ch][CH₃(CH₂)₂COO]）为溶剂，制备玉米芯气凝胶，采用扫描电镜（SEM）、傅里叶转换红外光谱（FT-IR）、射线衍射（XRD）以及热重分析（TGA）分析技术对其结构、形貌、孔径及热稳定性进行表征，并考察其对油及油-水体系中油的吸附性能。

8.1 实 验 部 分

8.1.1 实验试剂及材料

实验中使用的原材料为 80 目玉米芯，自制。

主要实验试剂见表 8-1。

表 8-1 主要实验试剂

名称	纯度	生产厂家
胆碱	46% w/w 水溶液	Alfa Aesar 公司
正丁酸	分析纯	天津市科密欧化学试剂有限公司
无水乙醇	分析纯	天津市德恩化学试剂有限公司
氮气	高纯氮	洛阳华普气体科技有限公司
五氧化二磷	98%	天津市恒兴化学试剂制造有限公司

8.1.2 实验仪器

主要实验仪器见表 8-2。

表8-2 主要实验仪器

名称	型号	生产厂家
真空干燥箱	DFZ-6020	上海精宏实验设备有限公司
鼓风干燥箱	DHG9076A	上海精宏实验设备有限公司
电子天平	FA2004N	上海菁海仪器有限公司
磁力搅拌器	98-2	上海司乐仪器有限公司
偏光显微镜	XPT-7	南京江南永新光学有限公司
集热式恒温磁力搅拌器	DF-101S	巩义予华仪器有限责任公司
水循环多用真空泵	SHZ-D	巩义予华仪器有限责任公司
旋转蒸发器	RE-52AA	上海亚荣生化仪器厂
旋片真空泵	2XZ-2	浙江黄岩宁溪医疗器械有限公司
冷冻干燥机	LGJ-10	河南兄弟仪器设备有限公司
扫描电镜	JSM-5610LV	日本电子公司
X 射线衍射仪	D8 Advanced	德国 Bruker AXS
综合热分析仪	NETZSCH STA449C	德国 Netzsch 公司
pH 计	PHS-3C	上海仪电科学仪器股份有限公司
傅里叶转换红外光谱仪	Nicolet Nexus	美国 Nicole 公司

8.1.3 离子液体胆碱丁酸盐的合成

合成过程可用如下反应式表示：

$$\left[HO-CH_2-CH_2-\overset{\overset{\displaystyle CH_3}{|}}{\underset{\underset{\displaystyle CH_3}{|}}{N^+}}-CH_3 \right] OH^- + CH_3CH_2CH_2COOH \longrightarrow$$

$$\left[HO-CH_2-CH_2-\overset{\overset{\displaystyle CH_3}{|}}{\underset{\underset{\displaystyle CH_3}{|}}{N}}-CH_3 \right]^+ \quad {}^-OOC-CH_2-CH_2-CH_3$$

合成过程:首先用等摩尔量的胆碱氢氧化物水溶液与正丁酸进行酸碱中和反应,达到反应终点后,用活性炭处理胆碱丁酸盐溶液 2～3 次,以除去溶液中可能的杂质。再用旋蒸去掉溶液中的大部分水,得到黏稠的([Ch][CH$_3$(CH$_2$)$_2$COO])离子液体。然后将胆碱丁酸盐([Ch][CH$_3$(CH$_2$)$_2$COO])倒入瓷蒸发皿中,放置在真空干燥箱中,以 P$_2$O$_5$ 为干燥剂,干燥温度为 55℃,最后得到纯净的无水胆碱丁酸盐([Ch][CH$_3$(CH$_2$)$_2$COO])。每次实验前必须将胆碱丁酸盐干燥彻底,不能含有水分。

8.1.4　生物质原料的制备

实验用玉米芯原料产自河南洛阳,把外层表皮去掉,彻底洗干净、烘干并经粉碎机粉碎,筛选出 80 目的玉米芯粉末供实验用。将 80 目的玉米芯粉末收集到表面皿中,放置于真空干燥箱内,以 P$_2$O$_5$ 为干燥剂,至干燥完全后将温度开关关闭。当 80 目的玉米芯粉末的温度降到常温时,储存,备用。

8.1.5　玉米芯生物质气凝胶的制备

将干燥后的玉米芯粉末和胆碱丁酸盐([Ch][CH$_3$(CH$_2$)$_2$COO])在比色管中混合后充入氮气保护,密封,再放入油浴锅内,先在 100℃油浴加热环境下溶解 1 h,然后将温度调整到 110℃进行溶解 3 h,最后升温至 120℃继续溶解 1 h,从而得到均一的溶液,溶液经过不同的处理过程后加入蒸馏水进行凝胶化,重复用水洗,直至去除胆碱丁酸盐离子液体,再用乙醇替换水进行重复洗涤。然后,将使用无水乙醇洗涤干净的样品再用蒸馏水洗涤,这是因为使用有机溶剂无水乙醇洗涤的样品不能在冰箱中(−20℃)冻成固体,最后将已经洗涤彻底的水凝胶放入−20℃冰箱中冷冻成固体,再经过冷

冻干燥,制得干燥的玉米芯气凝胶。玉米芯溶液的质量百分比浓度分别为
0.5%、1%、3%、5%和7%。制备柳木生物质气凝胶的流程图如图 8-1 所示。

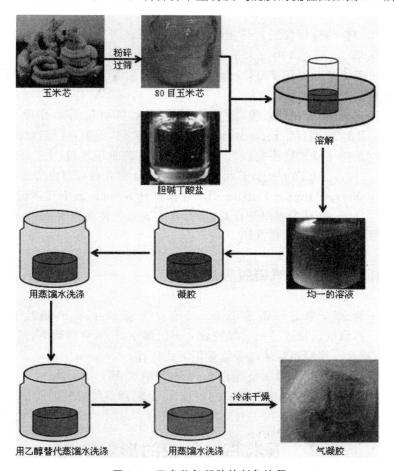

图 8-1　玉米芯气凝胶的制备流程

8.1.6　玉米芯气凝胶的表征

所制备样品的内部微观形貌利用扫描电子显微镜(SEM)观察。将样
品膜在液氮中冷冻并脆断,用导电胶带粘贴到载物台上,在断口上喷金,对
其断口进行扫描电镜观察并拍照记录。

红外光谱技术是化合物分子结构鉴定的重要手段之一。用傅里叶转换
红外光谱(FT-IR)仪来对样品进行表征。FT-IR 的分辨率为 4 cm^{-1},扫描
次数为 16 次。波数范围选为 4000~500 cm^{-1},选用 KBr 压片法。

实验中选取大小合适，表面平整的样品膜，平整均匀地放在载物台中央。使用 Bruker D8 型 X 射线衍射仪进行 XRD 的表征。衍射角度 2θ 范围为 4°～60°。

采用综合热分析仪进行热重的表征与分析。将大约 10 mg 的样品放在铝制坩埚中，再放入内置天平上，等到天平稳定后从室温开始，以 10℃/min 的速率逐渐升温到 700℃，全程用 N_2 保护。以空失重曲线为基准，记录所测样品的失重曲线。

玉米芯气凝胶的 N_2 吸、脱附测量采用全自动比面和孔隙分析仪（Tristar Ⅱ 3020 型，Micromeritics Instrument 公司，美国）进行，测试前，样品在真空条件下 100℃ 预先脱气 6 h。BET 比表面积通过 the Brunauer-Emmett-Teller(BET)方法计算得知。孔容(V)$_t$ 和孔径(D)由等温线吸附分支采用 Barrett-Joyner-Halenda(BJH)模型计算所得，其中孔体积用相对压力 $p/p_0 = 0.99$ 处的吸附量计算得到，其中 p 为气体的真实压力，p_0 为气体在测量温度下的饱和蒸汽压。

8.1.7　玉米芯气凝胶吸油测试

将干燥的玉米芯气凝胶称重，浸泡在大豆油中 1 h，温度为室温（20℃）。然后取出浸过油的气凝胶放入布氏漏斗，让油自然滴落，当无油滴滴落时，称重。气凝胶对油的吸收量用下式计算：

$$吸油量(g/g) = (w - w_0)/w_0 \tag{8-1}$$

公式(8-1)中，w_0 是吸油前气凝胶的质量，w 是吸油后气凝胶的质量。

8.2　玉米芯气凝胶的形貌结构

8.2.1　溶液浓度及制备条件对玉米芯气凝胶形貌的影响

制备的气凝胶的微观形貌可通过扫描电镜进行观察，将气凝胶在液氮中冷冻、脆断，固定在载物台上喷金后对其断面进行扫描分析。

1. 玉米芯溶液浓度对气凝胶形貌结构的影响

称取不同质量的玉米芯粉末溶解于离子液体胆碱丁酸盐([Ch][CH_3(CH_2)$_2$COO])中形成均一的溶液，而后直接加蒸馏水进行凝胶化，重复用水洗，再用乙醇替换水进行重复洗涤。然后，将用乙醇已经洗干净的样品再用水重复洗,随后经过冷冻干燥得到气凝胶。图 8-2 分别是由 1％、3％、5％和 7％的玉米芯溶液制得的气凝胶的 SEM 图。

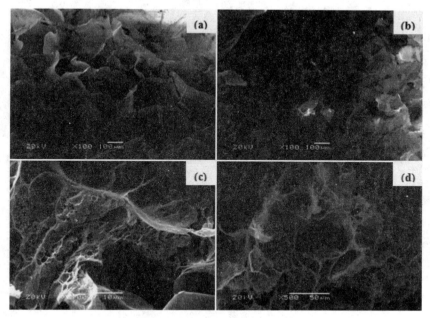

图 8-2　不同浓度的玉米芯溶液制备的气凝胶的扫描电镜图:(a)由 1％的玉米芯溶液制备的气凝胶;(b)由 3％的玉米芯溶液制备的气凝胶;(c)由 5％的玉米芯溶液制备的气凝胶;(d)由 7％的玉米芯溶液制备的气凝胶

同样,称取不同质量的玉米芯粉末溶解于离子液体胆碱丁酸盐中形成均一的溶液,然后将溶液先放入 −80℃ 冰箱中冷冻 2 h,再加入蒸馏水凝胶化,重复用水洗,再用乙醇替换水进行重复洗涤。然后,将用乙醇已经洗干净的样品再用水重复洗,随后经过冷冻干燥得到气凝胶。图 8-3 分别是由 1％、3％、5％和 7％的玉米芯溶液制得的气凝胶的 SEM 图。

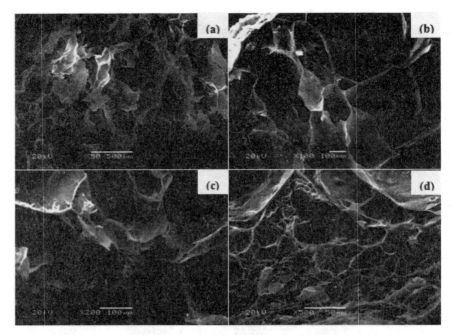

图 8-3　不同浓度的玉米芯溶液制备的气凝胶的扫描电镜图：(a)由 1%的玉米芯溶液制备出的气凝胶；(b)由 3%的玉米芯溶液制备出的气凝胶；(c)由 5%的玉米芯溶液制备出的气凝胶；(d)由 7%的玉米芯溶液制备出的气凝胶

　　由图 8-2 和图 8-3 得知，浓度对气凝胶的形貌影响较大。当生物质原料玉米芯浓度较低时，制得的气凝胶三维多孔结构比较松散，孔径为微米级，孔壁较薄。而当玉米芯浓度升高时，孔的大小随之变小，而孔壁厚度增加，气凝胶结构更致密。

　　2.制备条件对玉米芯气凝胶形貌结构的影响

　　将 7%的玉米芯溶液放入液氮冷冻 1 h，取出加入蒸馏水进行凝胶化，多次洗涤后冷冻干燥得到气凝胶，如图 8-4。将 0.5%玉米芯溶液放入 −80℃冰箱中进行冷冻 2 h，随后拿出置于 30℃恒温水槽中解冻 1 h，如此 5 次循环后再加入蒸馏水凝胶化，多次洗涤后冷冻干燥得到气凝胶，如图 8-5 所示。将 0.5%玉米芯溶液于 −20℃冰箱中分别冷冻 6 h、12 h、18 h，然后分别加入蒸馏水凝胶化，多次洗涤后经冷冻干燥得到气凝胶，如图 8-6 所示。

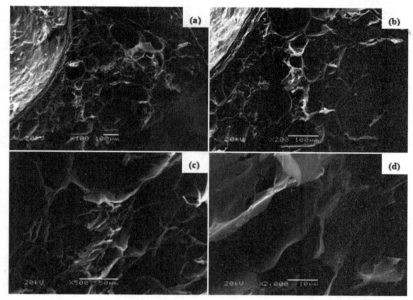

图 8-4　7%的玉米芯溶液经过液氮冷冻 1 h 制备的玉米芯气凝胶的 SEM 图：
(a)放大 100 倍；(b)放大 200 倍；(c)放大 500 倍；(d)放大 2000 倍

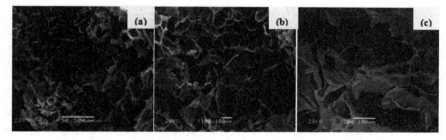

图 8-5　0.5%的玉米芯溶液经过 5 个冷冻-解冻循环制备的玉米芯气凝胶的 SEM 图：
(a)放大 50 倍；(b)放大 100 倍；(c)放大 200 倍

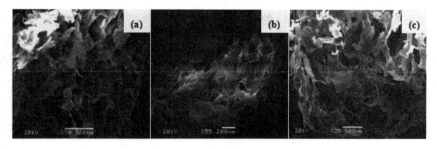

图 8-6　0.5%的玉米芯溶液在 -20℃ 下冷冻不同时间制备的玉米芯气
凝胶的扫描电镜图：(a)6 h；(b)12 h；(c)18 h

由图 8-4~图 8-6 得知,冷冻条件对玉米芯气凝胶的形貌结构几乎没有影响,不同条件(玉米芯溶液液氮冷冻、冷冻-解冻循环、延长冷冻时间)制得的气凝胶呈现出相近的形貌结构。因此,玉米芯气凝胶的形貌结构主要通过玉米芯溶液的浓度进行调控。更重要的是,当制备不同孔径大小及不同孔壁厚度的气凝胶时,无须将玉米芯溶液进行冷冻,这样既简化了制备流程又降了能耗。

8.2.2　原料玉米芯和玉米芯气凝胶的红外谱图分析

红外光谱技术为化合物鉴定和分子结构提供定性分析的有力手段,实验中使用傅里叶转换红外光谱来鉴定生物质原料和气凝胶样品所含的官能团,波数选定在 4000~500 cm^{-1} 这一范围内,制备样品时采用 KBr 压片法进行红外谱图分析。

图 8-7 为玉米芯原料及由不同浓度的玉米芯溶液制备的气凝胶的 FT-IR 曲线。从图 8-7 可以看出,不同浓度的玉米芯溶液制备的玉米芯气凝胶的红外光谱图与原料玉米芯极为相似,并且 5 种浓度玉米芯溶液制得的气凝胶 FT-IR 图上没有出现新峰。这表明,制备气凝胶的整个流程中,胆碱丁酸盐($[Ch][CH_3(CH_2)_2COO]$)与玉米芯没有发生化学反应。3355 cm^{-1} 处的峰分别归属于 OH 的伸缩振动[21,22]。2900 cm^{-1} 处的峰归属于亚甲基 CH 的伸缩振动[23,24]。1596 cm^{-1}、1508 cm^{-1} 和 1424 cm^{-1} 处的峰源自木质素芳香族骨架的振动[22-25]。1462 cm^{-1} 处的峰归属于木质素亚甲基 CH 的变形振动[25,26]。值得注意的是,与原料玉米芯中的木质素相比,气凝胶中的木质素的峰减弱,说明在制备气凝胶过程中,部分木质素料被除去。1374 cm^{-1} 处的峰归属于纤维素、半纤维素及木质素的亚甲基 CH 的弯曲振动[25,26],1319 cm^{-1} 处的峰归属于纤维素和半纤维素的亚甲基 CH$_2$ 的摇摆振动[27,28]。1251 cm^{-1}、1160 cm^{-1}、1111 cm^{-1} 和 1051 cm^{-1} 处的峰归属于半纤维素中 C-O 的伸缩振动、纤维素和半纤维素素中 C-O-C 的不对称伸缩振动、纤维素环的面内伸缩振动、维素和半纤维素素中 C-O 的伸缩振动[29]。898cm^{-1} 处的峰归属于纤维素的 β-糖单元间的糖苷键特征峰[23,30]。

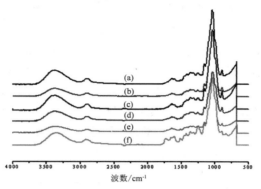

图 8-7　原料玉米芯和玉米芯气凝胶的红外光谱图

（a）由 0.5％的玉米芯溶液制备的气凝胶；（b）由 1％的玉米芯溶液制备的
气凝胶；（c）由 3％的玉米芯溶液制备出的气凝胶；（d）由 5％的玉米芯溶
液制备的气凝胶；（e）由 7％的玉米芯溶液制备的气凝胶；（f）玉米芯原料

8.2.3　原料玉米芯和玉米芯气凝胶的 XRD 分析

原料玉米芯和玉米芯气凝胶通过使用 X 射线衍射测定其结晶状态，实
验过程中取大小合适的样品，使用仪器为 Bruker D8 X 射线衍射仪，得到的
样品曲线如图 8-8 所示。

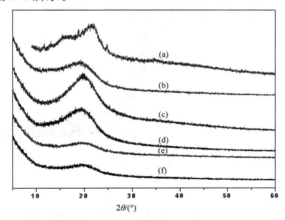

图 8-8　原料玉米芯和玉米芯气凝胶的 XRD 图

（a）原料玉米芯；（b）由 7％的玉米芯溶液制备的气凝胶；（c）由 5％的玉米芯溶
液制备的气凝胶；（d）由 3％的玉米芯溶液制备的气凝胶；（e）由 1％的玉米芯
溶液制备的气凝胶；（f）由 0.5％的玉米芯溶液制备的气凝胶

图 8-8 为原料玉米芯及由不同浓度的玉米芯溶液制备的气凝胶的

XRD 曲线。木质纤维素生物质主要由纤维素、半纤维素和木质素组成,纤维素以晶态的纤维素Ⅰ形式存在、木质素和木质素以无定形形式存在[31-33]。

图 8-8(a)为原料玉米芯的 X 射线衍射曲线,该曲线表现出纤维素Ⅰ型的结晶结构,典型的衍射峰为 $2\theta=14.8°$、$16.5°$、$22.1°$和 $34.5°$,分别对应于 101、101、002 和 040 的晶体衍射面,101 和 101 平面的衍射峰合并在一起[34,35]。而气凝胶 XRD 表现出无定形结构[图 8-8(b)和图 8-8(c)]。这可能是因为,在聚沉的过程中,纤维素、木质素和半纤维素分子链之间的相互缠结,抑制了纤维素链的聚集,进而形成晶体。

8.3 原料玉米芯和玉米芯气凝胶的热重分析

原料玉米芯和制得的气凝胶的热分析:使用综合热分析仪,保护气体为 N_2,将约 10 mg 的样品放在铝坩埚中,放入内置天平上,待天平稳定后,室温开始,速率为 10℃/min,从 30℃逐渐将温度升到 700℃停止,以空的失重曲线为基线,记录曲线,测量出的样品曲线如图 8-9 所示。

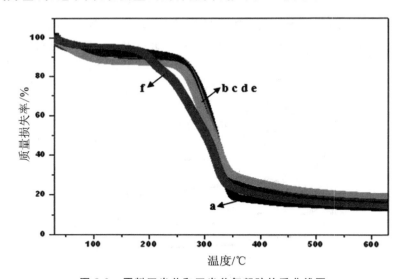

图 8-9 原料玉米芯和玉米芯气凝胶热重曲线图
(a)由 0.5%的玉米芯溶液制备的气凝胶;(b)由 1%的玉米芯溶液制备的气凝胶;(c)由 3%的玉米芯溶液制备的气凝胶;(d)由 5%的玉米芯溶液制备的气凝胶;(e)由 7%的玉米芯溶液制备的气凝胶;(f)原料玉米芯

图 8-9 是原料玉米芯及由不同浓度的玉米芯溶液制备的气凝胶热重曲线。原料玉米芯的热分解温度为 236℃,由 0.5%、1%、3%、5%和 7%的玉

米芯溶液制备的气凝胶的热分解温度分别为 274℃、273℃、267℃、265℃ 和 264℃。这表明,相对于玉米芯原料,玉米芯气凝胶热稳定性更高。

8.4　玉米芯气凝胶的比表面积和平均孔径及对油的吸附性能

8.4.1　玉米芯气凝胶的比表面积和平均孔径

表 8-3 给出了玉米芯气凝胶的比表面积和平均孔径数据。从表 8-3 可以看出,玉米芯气凝胶的比表面积按以下顺序降低 C-0.5 > C-1 > C-3 > C-5 > C-7。这表明,玉米芯溶液的浓度越大,由此溶液制备的气凝胶的比表面积越小。从表 8-3 还可以看出,玉米芯气凝胶的平均孔径值为 2.2～3.8 nm。这表明,玉米芯溶液的浓度越大,由此溶液制备的气凝胶的平均孔径越小。

表 8-3　玉米芯气凝胶的比表面积和平均孔径

玉米芯气凝胶	比表面积/($m^2 g^{-1}$)	平均孔径/nm
C-0.5	32.7	2.2
C-1	26.6	2.9
C-3	18.7	3.5
C-5	11.1	3.6
C-7	8.8	3.8

注:C-0.5、C-1、C-3、C-5、C-7 分别代表由 0.5%、1%、3%、5%、7%的玉米芯溶液制备的气凝胶

8.4.2　玉米芯气凝胶对油的吸附性能

玉米芯气凝胶对油吸附数据见表 8-4。从表 8-4 可以看出,玉米芯气凝胶对油的吸附量随玉米芯浓度的增加而快速降低。例如,C-0.5 气凝胶的吸附容量达到 50.2 g·g^{-1},而 C-7 气凝胶只有 5.8 g·g^{-1}。尽管玉米芯气凝胶具有亲水性,但却对憎水性的油具有很好的吸附性能。这可能是由玉

米芯气凝胶的多孔结构引起的,这种多孔结构能将油吸附并保留其中。C-0.5气凝胶表现出对油高效的吸附能力,明显优于多孔的纤维素材料($22.4 \text{ g} \cdot \text{g}^{-1}$)[36],石墨烯气凝胶($17 \text{ g} \cdot \text{g}^{-1}$)[37]和蒙脱石气凝胶($15.8 \text{ g} \cdot \text{g}^{-1}$)[38]。

表8-4 玉米芯气凝胶对油的吸附量

玉米芯气凝胶	吸油量/$(\text{g} \cdot \text{g}^{-1})$
C-0.5	50.2
C-1	23.3
C-3	15.5
C-5	12.1
C-7	5.8

注:C-0.5、C-1、C-3、C-5、C-7分别代表由0.5%、1%、3%、5%、7%的玉米芯溶液制备的气凝胶

同时,我们还考察了玉米芯气凝胶对油-水体系中油的吸附能力,如图8-10所示。例如,在室温下将0.5 g C-1气凝胶加入油-水体系中1 h,0.4 mL的油几乎被完全吸附。同时,大约1 mL的水也被气凝胶吸附。因此,玉米芯气凝胶是很有希望用于处理油污水的潜在材料。

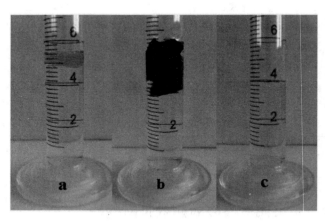

图8-10 玉米芯气凝胶对油—水体系中油的吸附
(a)吸附前油-水体系;(b)油-水-C-1气凝胶体系;(c)吸附后油-水体系

8.5　结　　论

本章以玉米芯为原料，胆碱丁酸盐（[Ch][CH₃(CH₂)₂COO]）离子液体为溶剂制得玉米芯气凝胶，系统地研究了玉米芯溶液浓度、制备条件对玉米芯气凝胶形貌结构的影响，并对由不同浓度的玉米芯溶液制得的气凝胶的化学结构、热稳定性及结晶状态进行表征与分析，主要结论如下：

（1）玉米芯气凝胶的形貌结构主要通过玉米芯的浓度进行调控。当玉米芯浓度升高时，气凝胶孔径随之变小，而孔壁增厚。而且制备条件（玉米芯溶液预冷冻、液氮冷冻、−80℃冷冻-解冻循环）几乎不影响玉米芯气凝胶的形貌结构。因此，当制备不同孔大小及孔壁厚度的玉米芯气凝胶时，无需将玉米芯溶液预先冷冻，或在冷冻条件下延长冷冻时间，直接将蒸馏水加入所需浓度的玉米芯溶液进行凝胶化、再经后继处理即可得到所需形貌结构的气凝胶。

（2）热重分析结果表明，由 0.5%、1%、3%、5% 和 7% 的玉米芯溶液制备的玉米芯气凝胶的热分解温度（分别为 274℃、273℃、267℃、265℃ 和 264℃）均高于原料玉米芯的热分解温度（236℃），这说明，相对于原料玉米芯，玉米芯气凝胶热稳定性更高。

（3）XRD 分析结果表明，玉米芯气凝胶中纤维素的晶体状态不同于原料玉米芯的晶体状态，原料玉米芯中的纤维素为纤维素Ⅰ型，而气凝胶中的纤维素为纤维素Ⅱ型。

（4）红外谱图分析结果表明，在玉米芯气凝胶制备过程中，玉米芯的化学结构几乎没有发生变化，而且玉米芯与溶剂没有发生化学反应。

（5）玉米芯气凝胶对油具有高效的吸附能力，是很好的用于净化污水的潜在材料。

参 考 文 献

［1］关倩. 木材纤维素气凝胶的制备与性能研究［D］. 黑龙江：东北林业大学，2018.

［2］Shlyakhtina A，Oh Y J. Transparent SiO₂ aerogels prepared by ambient pressure drying with ternary azeotropes as components of pore fluid [J]. Journal of Non-Crystalline Solids，2008，354（15 — 16）：1633-1648.

[3] Jones S M. Non-silica aerogels as hypervelocity particle capture materials [J]. Meteoritics & Planetary Science，2010，45(1)：91-98.

[4] Chen D K，Li J，Ren J. Biocomposites based on ramie fibers and poly(1-lactic acid) PLLA：morphology and properties [J]. Polymer Advances Technology，2012，23(2)：198-207.

[5] Zhu S D. Use of ionic liquids for the efficient utilization of lignocellulosic materials [J]. Journal of Chemical Technology and Biotechnology，2008，83(6)：777-779.

[6] McKendry P. Energy production from biomass（part 1）：overview of biomass [J]. Bioresource Technology，2002，83(1)：37-46.

[7] Klemm D，Heublein B，Fink H P，et al. Cellulose：fascinating biopolymer and sustainable raw material [J]. Angewandte Chemie International Edition，2005，44(36)：3358-3393.

[8] Zhu M，Wang Y，Zhu S，et al. Anisotropic，transparent films with aligned cellulose nanofibers [J]. Advanced Materials，2017，29(21)：1606284.

[9] Guidetti G，Atifi S，Vignolini S，et al. Flexible photonic cellulose nanocrystal films [J]. Advanced Materials，2016，28（45），10042-10047.

[10] Fan J，De bruyn M，Budarin V L，et al. Direct microwave-assisted hydrothermal depolymerization of cellulose [J]. Journal of the American Chemical Society，2013，135(32)：11728-11731.

[11] Swatloski R P，Spear S K，Holbrey J D，et al. Dissolution of cellose with ionic liquids [J]. Journal of the American Chemical Society，2002，124(18)：4974-4975.

[12] 王丽丽，莫卫民，卢耀平，等. 毛竹水解制取木糖 [J]. 浙江化工，1996，27(2)：27-31.

[13] Heinze T，Liebert T. Unconventional methods in cellulose functionalization [J]. Progress in Polymer Science，2001，26（9）：1689-1762.

[14] 许凤，钟新春，孙润仓，等. 秸秆中半纤维素的结构及分离新方法综述 [J]. 林产化学与工业，2005，25(S1)：179-182.

[15] Sun N，Rahman M，Qin Y，et al. Complete dissolution and par-

tial delignification of wood in the ionic liquid1-ethyl-3-methylimidazolium acetate [J]. Green Chemistry, 2009, 11(5): 646-655.

[16] Lu Y, Sun Q F, Yang D J, et al. Fabrication of mesoporous lignocellulose aerogels from wood via cyclic liquid nitrogen freezing-thawing in ionic liquid solution [J]. Journal of Materials Chemistry, 2012, 22(27): 13548-13557.

[17] 卢芸, 李坚, 孙庆丰, 等. 木质纤维素气凝胶在离子液体中的制备及表征 [J]. 科技导报, 2014, 32(Z1): 30-33.

[18] 金春德, 韩申杰, 王进, 等. 废报纸基纤维素气凝胶的绿色制备及其清理泄漏油污性能 [J]. 科技导报, 2014, 32(Z1): 40-44.

[19] Aaltonen O, Jauhiainen O. The preparation of lignocellulosic aerogels from ionic liquid solutions [J]. Carbohydrate Polymers, 2009, 75 (1): 125-129.

[20] Li J, Lu Y, Yang D, et al. Lignocellulose aerogel from wood-ionic liquid solution (1-allyl-3-methylimidazolium chloride) under freezing and thawing conditions [J]. Biomacromolecules, 2011, 12 (5): 1860-1867.

[21] Ghaffar S H, Fan M. Revealing the morphology and chemical distribution of nodes in wheat straw [J]. Biomass Bioenergy, 2015, 77: 123-134.

[22] Chen H M, Zhao J, Hu T H, et al. A comparison of several organosolv pretreatments for improving the enzymatic hydrolysis of wheat straw: Substrate digestibility, fermentability and structural features [J]. Applied Energy, 2015, 150: 224-232.

[23] Li X D, Li Q, Su Y, et al. A novel wheat straw cellulose-based semi-IPNs super absorbent with integration of water-retaining and controled release fertilizers [J]. Journal of the Taiwan Institute of Chemical Engineers, 2015, 55: 170-179.

[24] Xu F, Yu J M, Tesso T, et al. Qualitative and quantitative analysis of lignocellulosic biomass using infrared techniques: A mini-review [J]. Applied Energy, 2013, 104: 801-809.

[25] Xiao B, Sun X F, Sun R C. Chemical, structural, and thermal characterizations of alkali-soluble lignins and hemicelluloses, and cellulose from maize stems, rye straw, and rice straw [J]. Polymer Degradation and Stability, 2001, 74(2): 307-319.

[26] Yang Q, Wu S B, Lou R, et al. Structural characterization of lignin from wheat straw [J]. Wood Science and Technology, 2011, 45: 419-431.

[27] Sills D L, Gossett J M. Using FTIR to Predict Saccharification from enzymatic hydrolysis of alkali-pretreated biomasses [J]. Biotechnology and Bioengineering, 2012, 109(2): 353-362.

[28] Schwanninger M, Rodrigues J C, Pereira H, et al. Effects of short-time vibratory ball milling on the shape of FT-IR spectra of wood and cellulose [J]. Vibrational Spectroscopy, 2004, 36(1): 23-40.

[29] Bekiaris G, Lindedam J, Peltre C, et al. Rapid estimation of sugar release from winter wheat straw during bioethanol production using FTIR-photoacoustic spectroscopy [J]. Biotechnology for Biofuels, 2015, 8(1): 85.

[30] Zhong C, Wang C M, Huang F, et al. Wheat straw cellulose dissolution and isolation by tetra-n-butylammonium hydroxide [J]. Carbohydrate polymers, 2013, 94(1): 38-45.

[31] Fengel D, Ideas on the ultrastructural organization of the cell wall components [J]. Journal of Polymer Science Part C: Polymer Symposia, 1971, 36(1): 383-392.

[32] Zimmermann T, Pohler E, Geiger T. Cellulose fibrils for polymer reinforcement [J]. Advanced Engineering Materials, 2004, 6(9): 754-761.

[33] Xu F, Shi Y C, Wang D H. X-ray scattering studies of lignocellulosic biomass: A review [J]. Carbohydrate polymers, 2013, 94(2): 904-917.

[34] Sun F F, Wang L, Hong J, et al. The impact of glycerol organosolv pretreatment on the chemistry and enzymatic hydrolyzability of wheat straw [J]. Bioresource Technology, 2015, 187: 354-361.

[35] Liu R G, Yu H, Huang Y. Structure and morphology of cellulose in wheat straw [J]. Cellulose, 2005, 12(1): 25-34.

[36] Liu X Y, Peter R C, Zheng P W, et al. Porous cellulose facilitated by ionic liquid [BMIM]Cl: fabrication, characterization, and modification [J]. Cellulose, 2015, 22(1): 709-715.

[37] Cong H P, Ren X C, Wang P, et al. Macroscopic multifunctional graphene-based hydrogels and aerogels by a metal ion induced self-

assembly process [J]. ACS Nano，2012，6(3)：2693-2703.

[38] Zheng P W，Chang P R，Ma X F. Preparation and characterization of rectorite gels [J]. Industrial & Engineering Chemistry Research，2013，52(14)：5066-5071.

第9章　柳木生物质气凝胶的制备与表征

随着时代迅速发展,石油资源日益紧缺,而且由开发精炼石化产品所带来的环境污染、煤炭资源消耗严重、温室效应等一系列问题的突出,其他可再生的对环境无污染资源的探索变成热点。近几年,作为化石资源的潜在替代品,木质纤维素生物质开发利用受到越来越多关注。

本章拟采用 80 目的柳木为原料,离子液体胆碱丁酸盐（[Ch][CH$_3$(CH$_2$)$_2$COO]）为溶剂,制备柳木气凝胶,采用扫描电镜(SEM)、傅里叶转换红外光谱(FT-IR)、射线衍射(XRD)以及热重分析(TGA)分析技术对其结构、形貌、孔径及热稳定性进行表征,并考察其对油及油-水体系中油的吸附性能。

9.1　实　验　部　分

9.1.1　实验试剂及材料

实验中使用的原材料为 80 目柳木,自制。

主要实验试剂见表 9-1。

表 9-1　主要实验试剂

名称	纯度	生产厂家
胆碱	46% w/w 水溶液	Alfa Aesar 公司
正丁酸	分析纯	天津市科密欧化学试剂有限公司
无水乙醇	分析纯	天津市德恩化学试剂有限公司
氮气	高纯氮	洛阳华普气体科技有限公司
五氧化二磷	98%	天津市恒兴化学试剂制造有限公司

9.1.2　实验仪器

主要实验仪器见表 9-2。

表 9-2　主要实验仪器

名称	型号	生产厂家
真空干燥箱	DFZ-6020	上海精宏实验设备有限公司
鼓风干燥箱	DHG9076A	上海精宏实验设备有限公司
电子天平	FA2004N	上海菁海仪器有限公司
磁力搅拌器	98-2	上海司乐仪器有限公司
偏光显微镜	XPT-7	南京江南永新光学有限公司
集热式恒温磁力搅拌器	DF-101S	巩义予华仪器有限责任公司
水循环多用真空泵	SHZ-D	巩义予华仪器有限责任公司
旋转蒸发器	RE-52AA	上海亚荣生化仪器厂
旋片真空泵	2XZ-2	浙江黄岩宁溪医疗器械有限公司
冷冻干燥机	LGJ-10	河南兄弟仪器设备有限公司
扫描电镜	JSM-5610LV	日本电子公司
X 射线衍射仪	D8 Advanced	德国 Bruker AXS
综合热分析仪	NETZSCH STA449C	德国 Netzsch 公司
pH 计	PHS-3C	上海仪电科学仪器股份有限公司
傅里叶转换红外光谱仪	Nicolet Nexus	美国 Nicole 公司

9.1.3　离子液体胆碱丁酸盐的合成

首先用等摩尔量的胆碱氢氧化物水溶液与正丁酸进行酸碱中和反应，达到反应终点后，用活性炭处理胆碱丁酸盐溶液 2～3 次，以除去溶液中可能的杂质。再用旋蒸去掉溶液中的大部分水，得到粘稠的（[Ch][CH₃(CH₂)₂COO]）离子液体。然后将胆碱丁酸盐（[Ch][CH₃(CH₂)₂COO]）倒入瓷蒸发皿中，放置在真空干燥箱中，以 P_2O_5 为干燥剂，干燥温度为 55℃，最后得到纯净的无水胆碱丁酸盐（[Ch][CH₃(CH₂)₂COO]）。每次实验前必须将胆碱丁酸盐干燥彻底，不能含有水分。

9.1.4　生物质原料的制备

实验用原料柳木产自河南洛阳，把外层表皮剥掉，彻底洗干净、烘干，将较长的柳木折成小段，再经粉碎机粉碎，而后筛选出 80 目的柳木粉末供实验用。将 80 目的柳木粉末收集到表面皿中，放置于真空干燥箱内，以 P_2O_5 为干燥剂，至干燥完全后将温度开关关闭。当 80 目的柳木粉末降温到常温时，储存，备用。

9.1.5　柳木生物质气凝胶的制备

将干燥后的柳木粉末和胆碱丁酸盐离子液体在比色管中混合后充入氮气保护，密封，再放入油浴锅内，先在 100℃ 油浴加热环境下溶解 1 h，然后将温度调整到 110℃ 进行溶解 3 h，最后升温至 120℃ 继续溶解 1 h，从而得到均一的溶液，溶液经过不同的处理过程后加入蒸馏水进行凝胶化，重复用水洗，直至去除多余的胆碱丁酸盐离子液体，再用乙醇替换水进行重复洗涤。然后，将使用无水乙醇洗涤干净的样品再用蒸馏水洗涤，这是因为使用有机溶剂无水乙醇洗涤的样品不能在冰箱中（−20℃）冻成固体，最后将已经洗涤彻底的水凝胶放入−20℃冰箱中冷冻成固体，再经过冷冻干燥，制得干燥的柳木气凝胶。柳木溶液的质量百分比浓度分别为 0.5％、1％、3％、5％和 7％。制备柳木生物质气凝胶的流程图如图 9-1 所示。

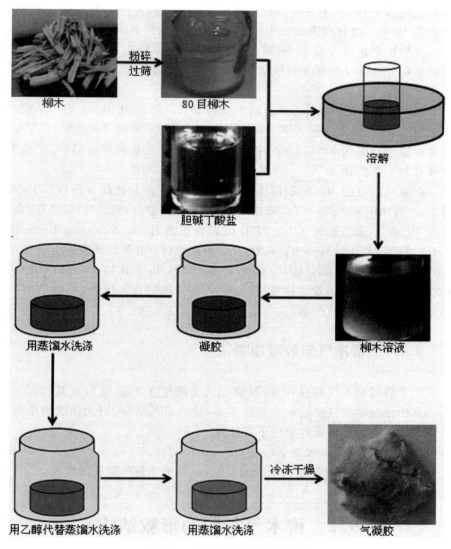

粉碎
过筛

柳木

80目柳木

胆碱丁酸盐

溶解

柳木溶液

凝胶

用蒸馏水洗涤

用乙醇代替蒸馏水洗涤

用蒸馏水洗涤

冷冻干燥

气凝胶

图 9-1 柳木气凝胶的制备流程

9.1.6 柳木气凝胶的表征

所制备样品的内部微观形貌利用扫描电子显微镜（SEM）观察。将样品膜在液氮中冷冻并脆断，用导电胶带粘贴到载物台上，在断口上喷金，对其断口进行扫描电镜观察并拍照记录。

红外光谱技术是化合物分子结构鉴定的重要手段之一。用傅里叶转换红外光谱(FT-IR)仪来对样品进行表征。FT-IR 的分辨率为 4 cm^{-1},扫描次数为 16 次。波数范围选为 4000～500 cm^{-1},选用 KBr 压片法。

实验中选取大小合适,表面平整的样品膜,平整均匀地放在载物台中央。使用 Bruker D8 型 X 射线衍射仪进行 XRD 的表征。衍射角度 2θ 范围为 4°～60°。

采用综合热分析仪进行热重的表征与分析。将大约 10 mg 的样品放在铝制坩埚中,再放入内置天平上,等到天平稳定后从室温开始,以 10℃/min的速率逐渐升温到 700℃,全程用 N_2 保护。以空失重曲线为基准,记录所测样品的失重曲线。

柳木气凝胶的 N_2 吸、脱附测量采用全自动比面和孔隙分析仪(Tristar Ⅱ 3020 型,Micromeritics Instrument 公司,美国)进行,测试前,样品在真空条件下 100℃预先脱气 6 h。BET 比表面积通过 the Brunauer-Emmett-Teller(BET)方法计算得知。孔容(V),和孔径(D)由等温线吸附分支采用Barrett-Joyner-Halenda(BJH)模型计算所得,其中孔体积用相对压力p/p_0＝0.99处的吸附量计算得到,其中 p 为气体的真实压力,p_0 为气体在测量温度下的饱和蒸汽压。

9.1.7　柳木气凝胶吸油测试

将干燥的柳木气凝胶称重,浸泡在大豆油中 1 h,温度为室温(20℃)。然后取出浸过油的气凝胶放入布氏漏斗,让油自然滴落,当无油滴滴落时,称重。气凝胶对油的吸收量用下式计算:

$$吸油量(g/g) = (w-w_0)/w_0 \tag{9-1}$$

公式(9-1)中,w_0 是吸油前气凝胶的质量,w 是吸油后气凝胶的质量。

9.2　柳木气凝胶的形貌结构

9.2.1　溶液浓度及制备条件对柳木气凝胶形貌的影响

制备的气凝胶的微观形貌可通过扫描电镜进行观察,将气凝胶在液氮中冷冻、脆断,固定在载物台上喷金后对其断面进行 SEM 扫描分析。

1.柳木溶液浓度对气凝胶形貌结构的影响

称取不同质量的 80 目柳木粉末溶解于离子液体胆碱丁酸盐中形成均

一的溶液,再加入蒸馏水中进行凝胶化,而后直接加蒸馏水进行凝胶化,重复用水洗,再用乙醇替换水进行重复洗涤。然后,将用乙醇已经洗干净的样品再用水重复洗,随后经过冷冻干燥得到气凝胶。图 9-2 分别是由 0.5%、1%、3%、5%和 7%的柳木溶液制得的气凝胶的 SEM 图。

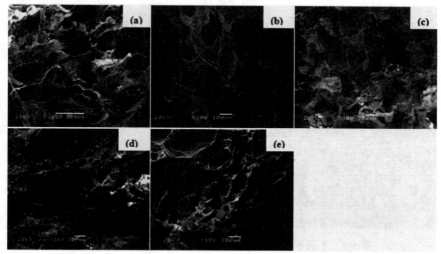

图 9-2　不同浓度的柳木溶液制备的气凝胶的扫描电镜图
(a)由 0.5%的柳木溶液制备的气凝胶;(b)由 1%的柳木溶液制备的气凝胶;
(c)由 3%的柳木溶液制备的气凝胶;(d)由 5%的柳木溶液制备的气凝胶;
(e)由 7%的柳木溶液制备的气凝胶

同样,称取不同质量的柳木粉末溶解于离子液体胆碱丁酸盐中形成均一的溶液,然后将溶液迅速放入-80℃冰箱中冷冻 2 h,再加入蒸馏水凝胶化,重复用水洗,再用乙醇替换水进行重复洗涤。然后,将用乙醇已经洗涤干净的样品再用水重复洗,随后经过冷冻干燥得到柳木气凝胶。图 9-3 分别是由 0.5%、1%、3%和 5%的柳木溶液制得的气凝胶的 SEM 图。

由图 9-2 和图 9-3 可知,浓度对柳木气凝胶的形貌影响较大。当生物质原料柳木浓度较低时,制得的气凝胶三维多孔结构比较松散,孔径为微米级,孔壁较薄。而当柳木浓度升高时,孔大小随之变小,而孔壁变厚,气凝胶结构更致密。

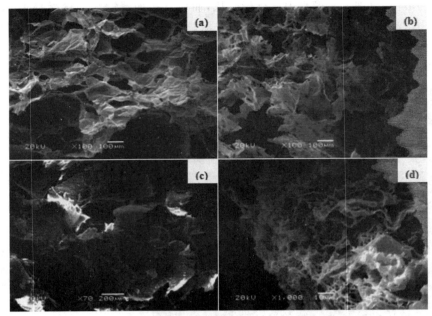

图9-3　不同浓度的柳木溶液制备的气凝胶的扫描电镜图

(a)由0.5%的柳木溶液制备的气凝胶;(b)由1%的柳木溶液制备的气凝胶;

(c)由3%的柳木溶液制备的气凝胶;(d)由5%的柳木溶液制备的气凝胶

2.制备条件对柳木气凝胶形貌结构的影响

将1%的柳木溶液放入液氮冷冻1 h,取出加入蒸馏水进行凝胶化,多次洗涤后冷冻干燥得到气凝胶,如图9-4所示。将1%的柳木溶液放入−80℃冰箱中进行冷冻2 h,随后拿出置于30℃恒温水槽中解冻1 h,如此5次循环后再加入蒸馏水凝胶化,多次洗涤后冷冻干燥得到气凝胶,如图9-5所示。将1%的柳木溶液于−20℃条件下冷冻2 h,然后加入蒸馏水凝胶化,多次洗涤后经过冷冻干燥制得柳木气凝胶,如图9-6所示。

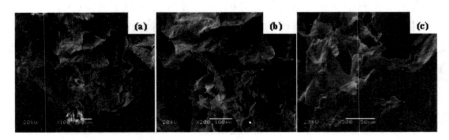

图9-4　1%的柳木溶液经过液氮冷冻1 h制备的柳木气凝胶的SEM图

(a)放大100倍;(b)放大200倍;(c)放大500倍

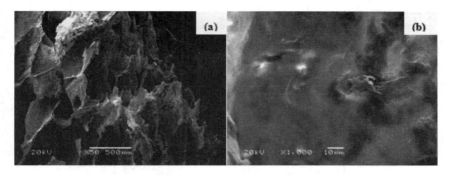

图 9-5　1%的柳木溶液经过 5 个冷冻-解冻循环制备的柳木气凝胶的 SEM 图：
(a)放大 50 倍；(b)放大 1000 倍

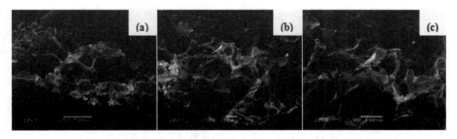

图 9-6　1%的柳木溶液在－20℃下冷冻 2 h 制备的柳木气凝胶的扫描电镜图：
(a)放大 50 倍；(b)放大 100 倍；(c)放大 200 倍

从图 9-4～图 9-6 可以看出，冷冻条件对柳木气凝胶的形貌结构几乎没有影响，不同条件(柳木溶液液氮冷冻、冷冻-解冻循环、－20℃下冷冻 2 h)制得的气凝胶呈现出相近的形貌结构。因此，柳木气凝胶的形貌结构主要通过柳木溶液的浓度进行调控。更重要的是，当制备不同孔径大小及不同孔壁厚度的气凝胶时，无须将柳木溶液进行预冷冻，这样既简化了制备流程又降了能耗。

9.2.2　原料柳木和柳木气凝胶的红外谱图分析

红外光谱技术是为化合物鉴定和分子结构提供定性分析的有力手段，实验中使用傅里叶转换红外光谱来鉴定原料柳木和柳木气凝胶样品所含的官能团，波数选定在 $4000 \sim 500 \ cm^{-1}$ 这一范围内，制备样品时采用 KBr 压片法进行红外谱图分析。

图 9-7 为柳木原料及由不同浓度的柳木溶液制备的气凝胶的 FT-IR 曲线。从图 9-7 可以看出，不同浓度的柳木溶液制备的柳木气凝胶的红外光谱图与原料柳木极为相似，并且 5 种浓度柳木溶液制得的气凝胶 FT-IR 图

上没有出现新峰。

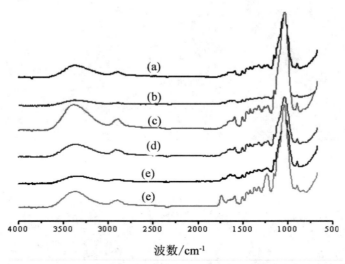

图 9-7 原料柳木和柳木气凝胶的红外光谱图

(a)由 0.5%的柳木溶液备备的气凝胶;(b)由 1%的柳木溶液制备的气凝胶;
(c)由 3%的柳木溶液制备的气凝胶;(d)由 5%的柳木溶液制备的气凝胶;
(e)由 7%的柳木溶液制备的气凝胶;(f)柳木原料

这表明,制备气凝胶的整个流程中,胆碱丁酸盐（$[Ch][CH_3(CH_2)_2COO]$）与柳木没有发生化学反应。3355 cm^{-1} 处的峰分别归属于 OH 的伸缩振动[21,22]。2900 cm^{-1} 处的峰归属于亚甲基 CH 的伸缩振动[23,24]。1596 cm^{-1}、1508 cm^{-1} 和 1424 cm^{-1} 处的峰源自木质素芳香族骨架的振动[22-25]。1462 cm^{-1} 处的峰归属于木质素亚甲基 CH 的变形振动[25,26]。值得注意的是,与原料柳木中的木质素相比,气凝胶中的木质素的峰减弱,说明在制备气凝胶过程中,部分木质素料被除去。1374 cm^{-1} 处的峰归属于纤维素、半纤维素及木质素的亚甲基 CH 的弯曲振动[25,26],1319 cm^{-1} 处的峰归属于纤维素和半纤维素的亚甲基 CH_2 的摇摆振动[27,28]。1251 cm^{-1}、1160 cm^{-1}、1111 cm^{-1} 和 1051 cm^{-1} 处的峰归属于半纤维素中 C-O 的伸缩振动、纤维素和半纤维素素中 C-O-C 的不对称伸缩振动、纤维素环的面内伸缩振动、维素和半纤维素素中 C-O 的伸缩振动[29]。898 cm^{-1} 处的峰归属于纤维素的 β-糖单元间的糖苷键特征峰[23,30]。

9.2.3　原料柳木和柳木气凝胶的 XRD 分析

原料柳木和柳木气凝胶通过使用 X 射线衍射测定结晶状态,实验过程中取大小合适的样品,使用仪器为 Bruker D8 型 X 射线衍射仪,测量结果如图 9-8。

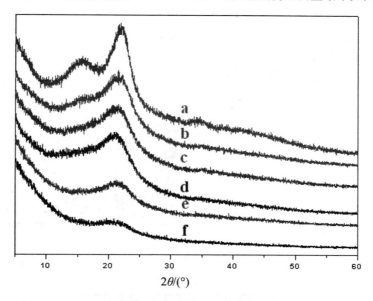

图 9-8　原料柳木和柳木气凝胶的 XRD 图
(a)原料柳木;(b)由 7%的柳木溶液制备的气凝胶;(c)由 5%的柳木溶液制备的气凝胶;
(d)由 3%的柳木溶液制备的气凝胶;(e)由 1%的柳木溶液制备的气凝胶;
(f)由 0.5%的柳木溶液制备的气凝胶

图 9-8 为原料柳木及由不同浓度的柳木溶液制备的气凝胶的 XRD 曲线。木质纤维素生物质主要由纤维素、半纤维素和木质素组成,纤维素以晶态的纤维素 I 形式存在、木质素和木质素以无定形形式存在[31-33]。

图 9-8(a)为原料柳木的 X 射线衍射曲线,该曲线表现出纤维素 I 型的结晶结构,典型的衍射峰为 $2\theta=14.8°$、$16.5°$、$22.1°$和 $34.5°$,分别对应于 101、101、002 和 040 的晶体衍射面,101 和 101 平面的衍射峰合并在一起[34,35]。而气凝胶 XRD 表现出无定形结构[图 9-8(b)和图 9-8(c)]。这可能是因为,在聚沉的过程中,纤维素、木质素和半纤维素分子链之间的相互缠结,抑制了纤维素链的聚集,进而形成晶体。

9.3　原料柳木和柳木气凝胶的热重分析

原料柳木和柳木气凝胶的热分析:使用综合热分析仪,保护气体为 N_2,将约 10 mg 的样品放在铝坩埚中,放入内置天平上,待天平稳定后,室温开始,速率为 10℃/min,从 30℃ 逐渐将温度升到 700℃ 停止,以空的失重曲线为基线,记录样品的失重曲线,测量出的样品曲线如图 9-9。

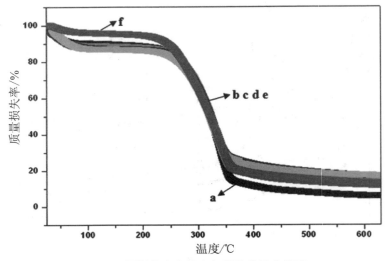

图 9-9 原料柳木和柳木气凝胶热重曲线图
(a)由 0.5% 的柳木溶液制备的气凝胶;(b)由 1% 的柳木溶液制备的气凝胶
(c)由 3% 的柳木溶液制备的气凝胶;(d)由 5% 的柳木溶液制备的气凝胶
(e)由 7% 的柳木溶液制备的气凝胶;(f)原料柳木

图 9-9 是原料柳木及由不同浓度的柳木溶液制备的气凝胶热重曲线。原料柳木的热分解温度为 262℃,由 0.5%、1%、3%、5% 和 7% 的柳木溶液制备的气凝胶的热分解温度分别为 280℃、280℃、279℃、276℃ 和 271℃。这表明,相对于柳木原料,柳木气凝胶热稳定性更高。

9.4 柳木气凝胶的比表面积和平均孔径及对油的吸附性能

9.4.1 柳木气凝胶的比表面积和平均孔径

表 9-3 给出了柳木气凝胶的比表面积和平均孔径数据。从表 9-3 可以看出,柳木气凝胶的比表面积按以下顺序降低 W-0.5 > W-1 > W-3 > W-5 > W-7。这表明,柳木溶液的浓度越大,由此溶液制备的气凝胶的比表面积越小。从表 9-3 还可以看出,柳木气凝胶的平均孔径值为 3.2~4.8

nm。这表明,柳木溶液的浓度越大,由此溶液制备的气凝胶的平均孔径越小。

表 9-3　柳木气凝胶的比表面积和平均孔径

柳木气凝胶	比表面积/($m^2 \cdot g^{-1}$)	平均孔径/nm
W-0.5	29.1	3.2
W-1	24.9	3.7
W-3	22.9	3.8
W-5	9.1	4.4
W-7	5.1	4.8

注:W-0.5、W-1、W-3、W-5、W-7 分别代表由 0.5%、1%、3%、5%、7%的柳木溶液制备的气凝胶

9.4.2　柳木气凝胶对油的吸附性能

柳木气凝胶对油吸附数据见表 9-4。从表 9-4 可以看出,柳木气凝胶对油的吸附量随柳木浓度的增加而快速降低。例如,W-0.5 气凝胶的吸附容量达到 45.7 $g \cdot g^{-1}$,而 W-7 气凝胶只有 4.6 $g \cdot g^{-1}$。尽管柳木气凝胶具有亲水性,但却对憎水性的油具有很好的吸附性能。这可能是由柳木气凝胶的多孔结构引起的,这种多孔结构能将油吸附并保留其中。W-0.5 气凝胶表现出对油高效的吸附能力,明显优于多孔的纤维素材料(22.4 $g \cdot g^{-1}$)[36],石墨烯气凝胶(17 $g \cdot g^{-1}$)[37]和蒙脱石气凝胶(15.8 $g \cdot g^{-1}$)[38]。

表 9-4　柳木气凝胶对油的吸附量

柳木气凝胶	吸油量/($g \cdot g^{-1}$)
W-0.5	45.7
W-1	21.2
W-3	13.6
W-5	10.8
W-P7	4.6

注:W-0.5、W-1、W-3、W-5、W-7 分别代表由 0.5%、1%、3%、5%、7%的柳木溶液制备的气凝胶

同时,我们还考察了柳木气凝胶对油-水体系中油的吸附能力如见图 9-

10 所示。例如,在室温下将 0.5 g W-1 气凝胶加入油-水体系中 1 h,0.4 mL 的油几乎被完全吸附。同时,大约 1 mL 的水也被气凝胶吸附。因此,柳木气凝胶是很有希望用于处理油污水的潜在材料。

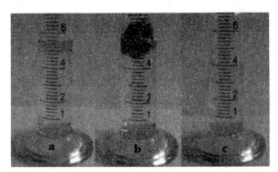

图 9-10　柳木气凝胶对油-水体系中油的吸附能力
(a)吸附前油-水体系;(b)油-水-W-1 气凝胶体系;(c)吸附后油-水体系

9.5　结论

本章以柳木为原料,胆碱丁酸盐($[Ch][CH_3(CH_2)_2COO]$)离子液体为溶剂制得柳木气凝胶,系统地研究了柳木溶液浓度、制备条件对气凝胶形貌结构的影响,并对由不同浓度的柳木溶液制备的气凝胶的化学结构、热稳定性及结晶状态进行表征与分析,主要结论如下:

(1)柳木气凝胶的形貌结构主要通过柳木的浓度进行调控。当柳木溶液浓度升高时,柳木气凝胶孔径随之变小,而孔壁增厚。而且制备条件(柳木溶液预冷冻、液氮冷冻、−80℃冷冻-解冻循环)几乎不影响柳木气凝胶的形貌结构。因此,当制备不同孔大小及孔壁厚度的柳木气凝胶时,无需将柳木溶液预先冷冻,直接将蒸馏水加入所需浓度的柳木溶液进行凝胶化、再经后继处理即可得到所需形貌结构的气凝胶。

(2)热重分析结果表明,0.5%、1%、3%、5%和 7%的柳木溶液制备的气凝胶的热分解温度(280℃、280℃、279℃、276℃和 271℃)高于原料柳木的热分解温度(262℃),这说明,相对于原料柳木,柳木气凝胶热稳定性更高。

(3)XRD 分析结果表明,柳木气凝胶中纤维素的晶体状态不同于原料柳木的晶体状态,原料柳木中的纤维素为纤维素 I 型,而柳木气凝胶中的纤维素变为纤维素 II 型。

（4）红外谱图分析结果表明，在柳木气凝胶制备过程中，柳木的化学结构几乎没有发生变化，而且柳木与溶剂没有发生化学反应。

（5）柳木气凝胶对油具有高效的吸附能力，是很好的用于净化污水的潜在材料。

参 考 文 献

［1］Chen D K，Li J，Ren J. Biocomposites based on ramie fibers and poly(1-lactic acid) PLLA：morphology and properties ［J］. Polymer Advances Technology，2012，23(2)：198-207.

［2］Zhu S D. Use of ionic liquids for the efficient utilization of lignocellulosic materials ［J］. Journal of Chemical Technology and Biotechnology，2008，83(6)：777-779.

［3］McKendry P. Energy production from biomass (part 1)：overview of biomass ［J］. Bioresource Technology，2002，83(1)：37-46.

［4］Klemm D，Heublein B，Fink H P，et al. Cellulose：fascinating biopolymer and sustainable raw material ［J］. Angewandte Chemie International Edition，2005，44(36)：3358-3393.

［5］Zhu M，Wang Y，Zhu S，et al. Anisotropic，transparent films with aligned cellulose nanofibers ［J］. Advanced Materials，2017，29(21)：1606284.

［6］Guidetti G，Atifi S，Vignolini S，et al. Flexible photonic cellulose nanocrystal films ［J］. Advanced Materials. 2016，28（45），10042-10047.

［7］Fan J，De bruyn M，Budarin V L，et al. Direct microwave-assisted hydrothermal depolymerization of cellulose ［J］. Journal of the American Chemical Society，2013，135(32)：11728-11731.

［8］Swatloski R P，Spear S K，Holbrey J D，et al. Dissolution of cellose with ionic liquids ［J］. Journal of the American Chemical Society，2002，124(18)：4974-4975.

［9］王丽丽，莫卫民，卢耀平，等. 毛竹水解制取木糖 ［J］. 浙江化工，1996，27(2)：27-31.

［10］Heinze T，Liebert T. Unconventional methods in cellulose functionalization ［J］. Progress in Polymer Science，2001，26（9）：

1689-1762.

[11] 许凤，钟新春，孙润仓，等. 秸秆中半纤维素的结构及分离新方法综述 [J]. 林产化学与工业，2005，25(S1)：179-182.

[12] Sun N，Rahman M，Qin Y，et al. Complete dissolution and partial delignification of wood in the ionic liquid1-ethyl-3-methylimidazolium acetate [J]. Green Chemistry，2009，11(5)：646-655.

[13] Lu Y，Sun Q F，Yang D J，et al. Fabrication of mesoporous lignocellulose aerogels from wood via cyclic liquid nitrogen freezing-thawing in ionic liquid solution [J]. Journal of Materials Chemistry，2012，22(27)：13548-13557

[14] 关倩. 木材纤维素气凝胶的制备与性能研究 [D]. 黑龙江：东北林业大学，2018.

[15] Shlyakhtina A，Oh Y J. Transparent SiO_2 aerogels prepared by ambient pressure drying with ternary azeotropes as components of pore fluid [J]. Journal of Non-Crystalline Solids，2008，354（15 — 16）：1633-1648.

[16] Jones S M. Non-silica aerogels as hypervelocity particle capture materials [J]. Meteoritics & Planetary Science，2010，45：91-98.

[17] 卢芸，李坚，孙庆丰，等. 木质纤维素气凝胶在离子液体中的制备及表征[J]. 科技导报，2014，32(Z1)：30-33.

[18] 金春德，韩申杰，王进，等. 废报纸基纤维素气凝胶的绿色制备及其清理泄漏油污性能[J]. 科技导报，2014，32：40-44.

[19] Aaltonen O，Jauhiainen O. The preparation of lignocellulosic aerogels from ionic liquid solutions [J]. Carbohydrate Polymers，2009，75(1)：125-129.

[20] Li J，Lu Y，Yang D，et al. Lignocellulose aerogel from wood-ionic liquid solution（1-allyl-3-methylimidazolium chloride）under freezing and thawing conditions [J]. Biomacromolecules，2011，12（5）：1860-1867.

[21] Ghaffar S H，Fan M. Revealing the morphology and chemical distribution of nodes in wheat straw [J]. Biomass Bioenergy，2015，77：123-134.

[22] Chen H M，Zhao J，Hu T H，et al. A comparison of several organosolv pretreatments for improving the enzymatic hydrolysis of wheat straw：Substrate digestibility，fermentability and structural features [J].

Applied Energy, 2015, 150: 224-232.

[23] Li X D, Li Q, Su Y, et al. A novel wheat straw cellulose-based semi-IPNs super absorbent with integration of water-retaining and con-troled release fertilizers [J]. Journal of the Taiwan Institute of Chemical Engineers, 2015, 55: 170-179.

[24] Xu F, Yu J M, Tesso T, et al. Qualitative and quantitative a-nalysis of lignocellulosic biomass using infrared techniques: A mini-review [J]. Applied Energy, 2013, 104: 801-809.

[25] Xiao B, Sun X F, Sun R C. Chemical, structural, and thermal characterizations of alkali-soluble lignins and hemicelluloses, and cellulose from maize stems, rye straw, and rice straw [J]. Polymer Degradation and Stability, 2001, 74(2): 307-319.

[26] Yang Q, Wu S B, Lou R, et al. Structural characterization of lignin from wheat straw [J]. Wood Science and Technology, 2011, 45: 419-431.

[27] Sills D L, Gossett J M. Using FTIR to predict saccharification from enzymatic hydrolysis of alkali-pretreated biomasses [J]. Biotechnol-ogy and Bioengineering, 2012, 109(2): 353-362.

[28] Schwanninger M, Rodrigues J C, Pereira H, et al. Effects of short-time vibratory ball milling on the shape of FT-IR spectra of wood and cellulose [J]. Vibrational Spectroscopy, 2004, 36(1): 23-40.

[29] Bekiaris G, Lindedam J, Peltre C, et al. Rapid estimation of sugar release from winter wheat straw during bioethanol production using FTIR-photoacoustic spectroscopy [J]. Biotechnology for Biofuels, 2015, 8(1): 85.

[30] Zhong C, Wang C M, Huang F, et al. Wheat straw cellulose dissolution and isolation by tetra-n-butylammonium hydroxide [J]. Carbo-hydrate Polymers, 2013, 94(1): 38-45.

[31] Fengel D, Ideas on the ultrastructural organization of the cell wall components [J]. Journal of Polymer Science Part C: Polymer Sympo-sia, 1971, 36(1): 383-392.

[32] Zimmermann T, Pohler E, Geiger T. Cellulose fibrils for poly-mer reinforcement [J]. Advanced Engineering Materials, 2004, 6(9): 754-761.

[33] Xu F, Shi Y C, Wang D H. X-ray scattering studies of lignocel-

lulosic biomass: A review [J]. Carbohydrate Polymers, 2013, 94(2): 904-917.

[34] Sun F F, Wang L, Hong J, et al. The impact of glycerol organosolv pretreatment on the chemistry and enzymatic hydrolyzability of wheat straw [J]. Bioresource Technology, 2015, 187: 354-361.

[35] Liu R G, Yu H, Huang Y. Structure and morphology of cellulose in wheat straw [J]. Cellulose, 2005, 12(1): 25-34.

[36] Liu X Y, Peter R C, Zheng P W, et al. Porous cellulose facilitated by ionic liquid [BMIM]Cl: fabrication, characterization, and modification [J]. Cellulose, 2015, 22(1): 709-715.

[37] Cong H P, Ren X C, Wang P, et al. Macroscopic multifunctional graphene-based hydrogels and aerogels by a metal ion induced self-assembly process [J]. ACS Nano, 2012, 6(3): 2693-2703.

[38] Zheng P W, Chang P R, Ma X F. Preparation and characterization of rectorite gels [J]. Industrial & Engineering Chemistry Research, 2013, 52(14): 5066-5071.

第10章 玉米芯气凝胶对次甲基蓝的吸附性能研究

近年来,社会经济发展迅速,工业化程度越来越高,其中印染工业年产量更高,从而向环境中排放的染料废水的量也更多。废水有色度高、COD高、含有重金属等特点,导致其很难治理。其中,染料是废水中的主要污染物,当高色度废水排放到水体环境中,水体受到污染,透明度下降,影响水体生物的生存,从而破坏水体环境的生态平衡。故印染废水的脱色问题一直受到关注,但是至目前为止,仍未找到较好的染料脱色治理措施。目前,较常用的脱色方法有:吸附法,化学氧化法,混凝沉淀法等。印染废水治理,采用多孔性材料将废水中染料分隔出来的过程叫做吸附法,吸附法应用于脱色处理,去除水体中的染料效果较好。

我国农业废弃物较多,其中玉米芯为农产品玉米加工后产生的废料。玉米芯的特点是产量较大、可再生、价格低廉、没有毒性等,但是大部分被农家当作燃料或废弃物丢弃,不仅加重了环境污染,还浪费了可再生资源。近年来,由纤维素制备的气凝胶用于废水处理已有报道,而利用木质纤维素气凝胶进行废水处理的研究仍未见报道。因此,本章拟将玉米芯气凝胶应用于模拟废水次甲基蓝溶液中次甲基蓝的吸附,并探究玉米芯气凝胶的脱色能力。

10.1 实验部分

10.1.1 实验试剂及材料

实验过程中使用的原材料为 80 目玉米芯,自制。
主要实验试剂见表 10-1。

表 10-1　主要实验试剂

名称	纯度	生产厂家
胆碱	46% w/w 水溶液	Alfa Aesar 公司
正丁酸	分析纯	天津市科密欧化学试剂有限公司
无水乙醇	分析纯	天津市德恩化学试剂有限公司
氮气	高纯氮	洛阳华普气体科技有限公司
五氧化二磷	98%	天津市恒兴化学试剂制造有限公司
次甲基蓝	98.5%	天津市德恩化学试剂有限公司

10.1.2　实验仪器

主要实验仪器见表 10-2。

表 10-2　主要实验仪器

名称	型号	生产厂家
真空干燥箱	DFZ-6020	上海精宏实验设备有限公司
鼓风干燥箱	DHG9076A	上海精宏实验设备有限公司
电子天平	FA2004N	上海菁海仪器有限公司
磁力搅拌器	98-2	上海司乐仪器有限公司
偏光显微镜	XPT-7	南京江南永新光学有限公司
集热式恒温磁力搅拌器	DF-101S	巩义予华仪器有限责任公司
水循环多用真空泵	SHZ-D	巩义予华仪器有限责任公司
旋转蒸发器	RE-52AA	上海亚荣生化仪器厂
冷冻干燥机	LGJ-10	河南兄弟仪器设备有限公司
数显水浴恒温振荡器	SHA-CA	苏州威尔实验用品有限公司
双光束紫外可见分光光度计	TU-1900	北京普析通用仪器有限责任公司

10.1.3　玉米芯生物质气凝胶的制备

将干燥后的玉米芯粉末和胆碱丁酸盐（$[Ch][CH_3(CH_2)_2COO]$）在比色管中混合后充入氮气保护，密封，再放入油浴锅内，先在 100℃ 油浴加热环境下溶解 1 h，然后将温度调整到 110℃ 进行溶解 3 h，最后升温至 120℃ 继续溶解 1 h，从而得到均一的溶液。溶液经过不同的处理过程后加入蒸馏水进行凝胶化，重复用水洗，直至去除胆碱丁酸盐离子液体，再用乙醇替换水进行重复洗涤。然后，将使用无水乙醇洗涤干净的样品再用蒸馏水洗涤，这是因为使用有机溶剂无水乙醇洗涤的样品不能在冰箱中（—20℃）冻成固体，最后将已经洗涤彻底的水凝胶放入—20℃冰箱中冷冻成固体，再经过冷冻干燥，制得干燥的玉米芯气凝胶。玉米芯溶液的质量百分比浓度分别为 0.5%、1%、3% 和 7%。

10.1.4　次甲基蓝溶液的吸收光谱

首先，精确称取 0.025 g 次甲基蓝于 100 mL 烧杯中用蒸馏水溶解，随后使用移液管将次甲基蓝溶液转移到 500 mL 容量瓶内，多次溶解、多次转移以确保试剂完全被移入容量瓶中，定容，摇匀，便配得 50 mg/L 的次甲基蓝溶液。随后准确移取 3 mL 的 50 mg/L 次甲基蓝标液于 50 mL 容量瓶内，定容。使用 1 cm 比色皿，在 560～740 nm 范围，采用紫外可见分光光度计测得此溶液的吸光度，从而得到吸收光谱图，如图 10-1 所示。

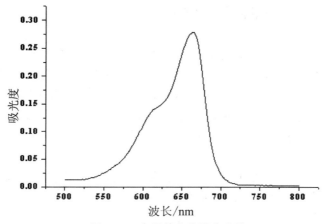

图 10-1　次甲基蓝的吸收光谱

由图 10-1 可得，次甲基蓝溶液的最大吸收波长为 663 nm，因此选定

663 nm 作为测定时的波长。

10.1.5　次甲基蓝溶液标准曲线的测定

首先取出 5 个干净的 50 mL 容量瓶,再分别移入已配制好的 50 mg/L 次甲基蓝标液 2 mL、3 mL、4 mL、5 mL 和 6 mL,摇匀,定容,然后使用紫外可见分光光度计在 663 nm 处测定上述不同浓度溶液的吸光光度值,绘制标准曲线。标准曲线见图 10-2。

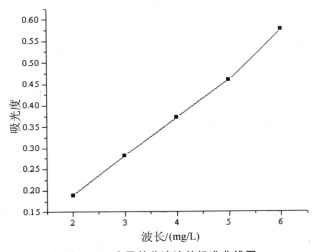

图 10-2　次甲基蓝溶液的标准曲线图

10.1.6　次甲基蓝脱色性能测定

准确配 50 mg/L 次甲基蓝溶液,移取其 50 mL 加入 100 mL 磨口锥形瓶内,再将称取的一定量的气凝胶和玉米芯原料分别加入磨口锥形瓶内,设定不相同的温度进行振荡吸附。一段时间以后,静止,取适量上清液到 50 mL 容量瓶内,使用仪器分别测定吸附后的次甲基蓝溶液的吸光度,计算原料玉米芯和气凝胶的脱色率。脱色率按公式(10-1)计算:

$$S = (C_0 - C)/C_0 \times 100\% \tag{10-1}$$

式中:S 为脱色率;C_0 为吸附前溶液中次甲基蓝的初始质量浓度,mg/L;C 为吸附后溶液中次甲基蓝的质量浓度,mg/L。

10.2　原料玉米芯和不同浓度的玉米芯溶液制备的气凝胶对次甲基蓝的脱色率

移取 50 mL 已配制好的 50 mg/L 次甲基蓝溶液到 100 mL 磨口锥形瓶中,总共移取 5 次,也就是平行得到装有相同量的 5 个 100 mL 磨口锥形瓶;再依次加入 0.0354 g 原料玉米芯及由 0.5%、1%、3% 和 7%玉米芯溶液制备的气凝胶样品,室温条件下振荡吸附 2 h 以后,静置,随后移取 5 mL 上清液到 50 mL 容量瓶内,定容,即得到 5 mg/L 的次甲基蓝溶液,再用紫外可见分光光度计分别测定 5 份溶液所对应的吸附前后的浓度,再根据公式 10-1 计算脱色率。原料玉米芯和气凝胶脱色率见表 10-3。

表 10-3　原料玉米芯和气凝胶的脱色率

样品	脱色率/%
原料玉米芯	80.9
0.5%玉米芯溶液制备的气凝胶	83.0
1%玉米芯溶液制备的气凝胶	78.6
3%玉米芯溶液制备的气凝胶	73.9
7%玉米芯溶液制备的气凝胶	71.2

由表 10-3 可以看出,0.5%玉米芯溶液制备的气凝胶的脱色率高于玉米芯原料的脱色率。实验中所用的生物质原料玉米芯是粉末状,而气凝胶呈现三维多孔结构。玉米芯原料吸附次甲基蓝溶液中的次甲基蓝时,次甲基蓝只能吸附在木质纤维素粉末表面。而气凝胶进行吸附时,次甲基蓝会逐步进入气凝胶孔的内部直至达到吸附饱和,由于气凝胶的有效吸附面积大于玉米芯原料的吸附面积,因此气凝胶吸附后的次甲基蓝溶液的浓度较低,故其脱色率比原料高。但是,由玉米芯浓度较高溶液制备的气凝胶有效吸附面积减小,吸附容量降低,吸附后的次甲基蓝溶液的浓度较高,因此,脱色率降低。因为 0.5%浓度玉米芯溶液制备的气凝胶的脱色率最高,因此以此气凝胶研究吸附时间和吸附温度对次甲基蓝溶液的脱色率的影响。

10.3 吸附时间对次甲基蓝溶液的脱色率的影响

准确称取 0.01 g 次甲基蓝于烧杯中,再用水溶解,随后移入容量瓶中,配成 100 mg/L 的溶液。再准确移取其 10 mL 到 100 mL 容量瓶中,配成 10 mg/L 的溶液。随后取其 50 mL 于磨口锥形瓶中,再加入 0.06 g 0.5% 玉米芯溶液制得的气凝胶,常温条件下进行振荡吸附不同时间以后,依次用仪器测得不同时间吸附后的溶液浓度,分别计算出气凝胶对次甲基蓝的脱色率,计算结果见表 10-4,相应作出脱色率对时间依赖关系曲线图 10-3。

表 10-4 不同吸附时间的脱色率

吸附时间/min	脱色率/%
10	69.9
20	73.8
40	75.9
60	77.0
80	78.0
100	78.8
120	79.3
140	79.2

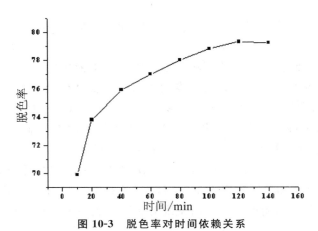

图 10-3 脱色率对时间依赖关系

由图 10-3 可得,吸附时间越长,气凝胶的脱色率相应升高。在吸附 20 min时达到 73.8%,说明在刚开始阶段,气凝胶的吸附速率较快。这主要是由于刚开始时溶液浓度高,次甲基蓝分子能够快速扩散到气凝胶表面并被大量吸附。吸附 20~120 min 阶段,次甲基蓝继续被吸附,脱色率不断升高,主要是由于气凝胶特殊的多孔结构,在此阶段,次甲基蓝分子逐渐进入玉米芯气凝胶的内部而被吸附,最终达到吸附平衡状态。在吸附 2 h 以后,脱色率不再变化,原因是气凝胶达到了吸附饱和状态。所以,选择 2 h 作为气凝胶对次甲基蓝的最好吸附时间。此外,吸附曲线光滑、连续,表明染料分子在多孔材料上的吸附可能是单分子层吸附[1]。

10.4　吸附温度对次甲基蓝溶液的脱色率的影响

　　分别准确取 5 mL 已配制好的 100 mg/L 次甲基蓝溶液到 100 mL 容量瓶中,配成 5 mg/L 的溶液;随后取其 25 mL 的溶液加入到磨口锥形瓶中,总共移取 6 次,也就是平行得到装有相同量的 6 个磨口锥形瓶。再向锥形瓶中分别加入 6 份 0.0232 g 的 0.5% 玉米芯溶液制备的气凝胶样品进行吸附,吸附时间为 0.5 h,吸附温度分别设定为 25℃、30℃、35℃、40℃、45℃和 50℃,测定不同吸附温度的影响。不同吸附温度对应的脱色率如表 10-5 所示,脱色率对吸附温度的依赖关系如图 10-4 所示。

表 10-5　不同吸附温度的脱色率

吸附温度/℃	脱色率/%
25	73.0
30	73.6
35	74.7
40	76.5
45	72.5
50	67.7

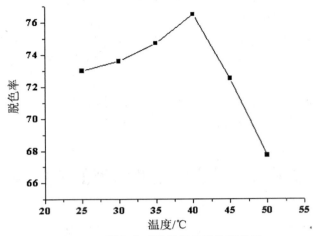

图 10-4　脱色率对吸附温度的依赖关系

　　由图 10-4 可以看出,随着吸附温度的升高,气凝胶的脱色率增加,吸附温度为 40℃时,对次甲基蓝的脱色率达到最大值。原因是当吸附温度增加时,次甲基蓝阳离子的运动加快,与气凝胶样品的羟基进行氢键的强烈结合,吸附量增加,提高了气凝胶的脱色率。但是当吸附温度继续增加,超过 40℃后脱色率又开始降低,这说明气凝胶的吸附过程为放热反应[2]。

10.5　最佳吸附时间和吸附温度对次甲基蓝的脱色率

　　移取 25 mL 已配制好的 5 mg/L 次甲基蓝溶液到磨口锥形瓶中,加入 0.07 g 0.5％玉米芯溶液制得的气凝胶,40℃下振荡吸附 2 h,使用紫外分光光度仪测得吸附前后溶液的浓度,再根据公式 10-1 计算脱色率。此次实验,气凝胶对次甲基蓝的脱色率为 92％,吸附效果较好。

10.6　结　　论

　　本章主要研究了原料玉米芯和不同浓度玉米芯溶液制备的气凝胶对次甲基蓝的脱附能力,以及影响次甲基蓝溶液的脱色率的主要影响因素,结论如下:

（1）由相同质量的玉米芯原料和不同浓度玉米芯溶液制备的气凝胶对次甲基蓝脱色率的比较可知，0.5％浓度玉米芯溶液制备的气凝胶的脱色率最高，比玉米芯原料的脱色率高。这主要是因为此气凝胶具有比原料玉米芯更多吸附面积。

（2）气凝胶吸附次甲基蓝的最佳时间为 2 h，最佳吸附温度为 40℃。

参 考 文 献

［1］Rodríguez A，Ovejero G，Mestanza M，et al. Removal of dyes from wastewaters by adsorption on sepiolite and pansil［J］. Industrial & Engineering Chemistry Research，2010，49(7)：3207-3216.

［2］周殷，胡长伟，李建龙. 柚子皮吸附水溶液中亚甲基蓝的机理研究［J］. 环境科学研究，2008，21(5)：49-53.

第 11 章　小麦秸秆气凝胶的制备与表征

　　为了应对迅速减少的化石资源,减少化石基化工产品对环境造成的污染,开发利用可生物降解产品以替代不可生物降解的石油化工产品日益受到世界各国重视[1]。木质纤维素生物质的全球年产量约 2000 亿 t,因其具有可持续性、可生物降解性、生物相容性、相对碳中性和易于获得的特性而被公认为潜在化石资源的替代品[2,3]。木质纤维素生物质已被广泛用于社会生活的各个领域,除了作为燃料、建筑和制造材料这些众所周知的用途外[4-6],木质纤维素生物质原料还是造纸、纤维、涂料、薄膜和聚合物工业中纤维素的主要来源[7,8]。并且,从木质纤维素生物质中开发出大量的新型材料,如木塑复合材料[9]、生物基碳[10]、木陶瓷[11]、多孔碳[12]和半导通材料[13]。此外,木质纤维素生物质还可用于合成运输燃料[14,15]。

　　木质纤维素生物质也是制备可生物降解多孔材料的重要原料。近年来,由于离子液体具有可忽略的蒸汽压、可回收利用、不燃烧、对各种有机和无机物的溶解能力强等独特性能,因此,利用离子液体制备多孔木质纤维素材料日益受到人们的重视[16-19]。然而,制备这些木质纤维素多孔材料所使用的咪唑基离子液体具有毒性[25,26],而且可生物降解性较差[26,27],丙酮/乙醇易挥发,会导致环境污染。此外,冗长且高成本的预冻或超临界干燥方法使多孔材料的制备过程复杂化。

　　为了简化制造过制备工序,避免/减少环境污染,本章介绍了一种简便、绿色、清洁的制备多孔木质纤维素材料的方法。根据此方法,将小麦秸秆生物质用于胆碱丁酸盐($[Ch][CH_3(CH_2)_2COO]$)得到小麦秸秆溶液,然后再将此溶液进行凝聚沉淀、洗涤、冷冻干燥,得到多孔小麦秸秆气凝胶。小麦秸秆是低成本、易获得和可生物降解的木质纤维素资源。而且,$[Ch]$$[CH_3(CH_2)_2COO]$离子液体毒性低、生物降解性好,对环境影响小[28,29]。此外,通过扫描电镜(SEM)、X 射线衍射(XRD)、傅里叶转换红外光谱(FT-IR)和热重分析(TGA)分析技术对对小麦秸秆多孔材料的形貌、结构和热稳定性进行了研究。

11.1 实验部分

11.1.1 实验试剂、仪器与设备

实验中使用的原材料为 80 目小麦秸秆,自制。

实验试剂见表 11-1,实验仪器与设备见表 11-2。

表 11-1 实验试剂

试剂名称	生产厂家
胆碱	Alfa Aesar(天津)化学试剂公司
丁酸	天津市科密欧化学试剂有限公司
无水乙醇	天津市风船化学试剂科技有限公司
五氧化二磷	天津市大茂化学试剂厂
活性炭粉末	天津市阿法埃莎化学有限公司

表 11-2 实验仪器与设备

仪器名称及型号	制造厂家
电子天平(FA2004N)	上海菁海仪器有限公司
真空干燥箱(DZF-6020)	上海精宏试验设备有限公司
PHS-3C 型 PH 计	上海仪电科学仪器股份有限公司
磁力搅拌器	上海司乐仪器有限公司
秸秆粉碎机	河南鸿运木材机械
偏光显微镜(XPT-7)	南京江南永新光学有限公司
旋转蒸发仪(RE-52)	上海亚荣生化仪器厂
自动双重纯水蒸馏器(SZ-93A)	上海亚荣生化仪器厂
集热式恒温加热磁力搅拌器(DF-101S)	河南省巩义市予华仪器有限公司
循环水真空泵(SHZ-DⅢ)	河南省巩义市予华仪器有限公司
JSM-5610LV 型扫描电镜	日本电子公司
冷冻干燥仪	上海育丰国际贸易有限公司
核磁共振仪(AV-500)	美国 Bruker 公司

11.1.2 离子液体胆碱丁酸盐的合成

合成过程参见 8.1.3。

胆碱丁酸盐[1]H NMR 核磁图谱如图 11-1 所示。

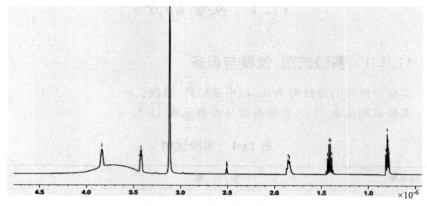

图 11-1　胆碱丁酸的核磁共振氢谱图

[Ch][CH$_3$(CH$_2$)$_2$COO]: ^{1}H NMR (500MHz；DMSO-d$_6$；δ/ppm relative to TMS)：0.80(3H, t, but-CH$_3$)，1.41(2H, m, CH$_3$CH$_2$)，1.86(2H, m, CH$_2$CO$_2$)，3.12(9H, s, CH$_3$N)，3.43(2H, t, NCH$_2$)，3.84(2H, s, CH$_2$OH)

11.1.3　小麦秸秆气凝胶的制备

将干燥后的小麦秸秆粉末和胆碱丁酸盐([Ch][CH$_3$(CH$_2$)$_2$COO])在比色管中混合后充入氮气保护，密封，再放入油浴锅内，在 120℃油浴加热环境下溶解，得到均一的溶液，放入冰箱于−20℃冷冻 24 h 后，加蒸馏水于比色管中进行凝胶化，重复用水洗，直至去除胆碱丁酸盐离子液体，得到小麦秸秆水凝胶。将此水凝胶于−20℃冷冻 10 h 后，放入冷冻干燥机冷冻干燥，制得干燥的小麦秸秆气凝胶。小麦秸秆溶液的质量百分比浓度分别为 0.5% 和 2%。

11.1.4　小麦秸秆气凝胶的表征

所制备样品的内部微观形貌利用扫描电子显微镜（SEM）观察。将样品膜在液氮中冷冻并脆断，用导电胶带粘贴到载物台上，在断口上喷金，对其断口进行扫描电镜观察并拍照记录。

红外光谱技术是化合物分子结构鉴定的重要手段之一。用傅里叶变换红外光谱(FT-IR)仪来对样品进行表征。FT-IR 的分辨率为 4 cm^{-1}，扫描次数为 16 次。波数范围选为 4000～500 cm^{-1}，选用 KBr 压片法。

实验中选取大小合适，表面平整的样品膜，平整均匀地放在载物台中央。使用 Bruker D8 型 X 射线衍射仪进行 XRD 的表征。衍射角度 2θ 范围为 4°～60°。

采用综合热分析仪进行热重的表征与分析。将大约 10 mg 的样品放在铝制坩埚中,再放入内置天平上,等到天平稳定后从室温开始,以 10℃/min 的速率逐渐升温到 700℃,全程用 N_2 保护。以空失重曲线为基准,记录所测样品的失重曲线。

11.2　小麦秸秆气凝胶的形貌结构

根据气凝胶观察及图 11-2,小麦秸秆气凝胶具有蓬松多孔结构,多孔结构由随机取向的小麦秸秆壁构成,且小麦秸秆壁扭曲或破裂。小麦秸秆气凝胶形成的可能机理是,在准备气凝胶过程中,小麦秸秆溶液冷却,胆碱丁酸盐溶剂逐渐固化,小麦秸秆被挤出并形成小麦秸秆壁。同时,小麦秸秆壁之间互相牵制,导致小麦秸秆壁扭曲变形并随机构成多孔结构。此外还发现,浓度对气凝胶的形貌影响较大。当小麦秸秆浓度较低时,制得的气凝胶三维多孔结构比较松散,孔径为微米级,孔壁较薄。而当小麦秸秆浓度升高时,孔的大小随之变小,而孔壁厚度增加,气凝胶结构更致密。

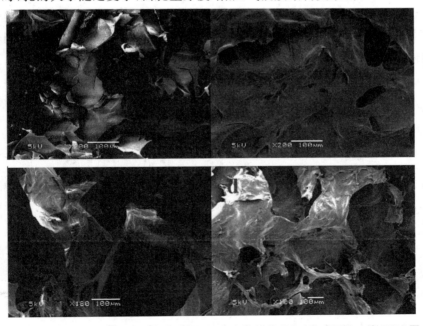

图 11-2　由 0.5%小麦秸秆溶液制备的气凝胶样品截面(a)和表面(b)的 SEM 图;由 2%小麦秸秆溶液制备的气凝胶样品截面(c)和表面(d)的 SEM 图

11.3　小麦秸秆气凝胶的 IR 分析

　　图 11-3 为小麦秸秆原料及由不同浓度的小麦秸秆溶液制备的气凝胶的 FT-IR 曲线。从图 11-3 可以看出,不同浓度的小麦秸秆溶液制备的小麦秸秆气凝胶的红外光谱图与原料小麦秸秆极为相似,并且两种浓度小麦秸秆溶液制得的气凝胶 FT-IR 图上没有出现新峰。这表明,制备气凝胶的整个流程中,胆碱丁酸盐([Ch][CH$_3$(CH$_2$)$_2$COO])与小麦秸秆没有发生化学反应。3355 cm^{-1}处的峰归属于 OH 的伸缩振动[30,31]。2900 cm^{-1}处的峰归属于亚甲基 CH 的伸缩振动[32,33]。1596 cm^{-1}、1508 cm^{-1} 和 1424 cm^{-1}处的峰源自木质素芳香族骨架的振动[31-34]。1462 cm^{-1}处的峰归属于木质素亚甲基 CH 的变形振动[34,35]。值得注意的是,与原料小麦秸秆中的木质素相比,气凝胶中的木质素的峰减弱,说明在制备气凝胶过程中,部分木质素料被除去。1374 cm^{-1}处的峰归属于纤维素、半纤维素及木质素的亚甲基 CH 的弯曲振动[34,35],1319 cm^{-1}处的峰归属于纤维素和半纤维素的亚甲基 CH$_2$ 的摇摆振动[36,37]。1251 cm^{-1}、1160 cm^{-1}、1111 cm^{-1} 和 1051 cm^{-1}处的峰归分别属于半纤维素中 C-O 的伸缩振动、纤维素和半纤维素素中 C-O-C 的不对称伸缩振动、纤维素环的面内伸缩振动、维素和半纤维素素中 C-O 的伸缩振动[38]。898cm^{-1}处的峰归属于纤维素的 β-糖单元间的糖苷键特征峰[32,39]。

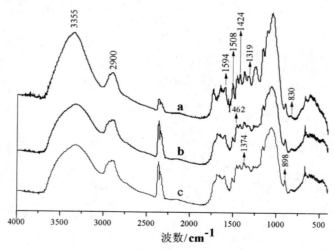

图 11-3　原料小麦秸秆和小麦秸秆气凝胶的 IR 图:(a)原料小麦秸秆;(b)(c)分别是 0.5%,和 2.0%的小麦秸秆溶液制备的气凝胶

11.4　小麦秸秆气凝胶的 XRD 分析

图 11-4 为原料小麦秸秆及由不同浓度的小麦秸秆溶液制备的气凝胶的 XRD 曲线。木质纤维素生物质主要由纤维素、半纤维素和木质素组成，纤维素以晶态的纤维素 I 形式存在、木质素和木质素以无定形形式存在[40-42]。

图 11-4(a)为原料小麦秸秆的 X 射线衍射曲线，该曲线表现出纤维素 I 型的结晶结构，典型的衍射峰为 $2\theta = 14.8°$、$16.5°$、$22.1°$ 和 $34.5°$，分别对应于 101、101、002 和 040 的晶体衍射面，101 和 101 平面的衍射峰合并在一起[43,44]。而在气凝胶 XRD 图中，$14.8°$ 和 $34.5°$ 处的峰基本消失[图 11-4(b)和图 11-5(c)]。这表明，与原料小麦秸秆相比，小麦秸秆气凝胶的结晶度降低。这可能是因为，在聚沉的过程中，纤维素、木质素和半纤维素分子链之间的相互缠结，抑制了纤维素链的聚集，进而形成晶体。

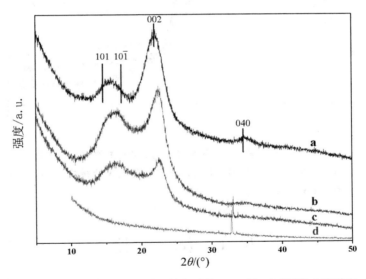

图 11-4　原料小麦秸秆和小麦秸秆气凝胶的 XRD 图：(a)原料小麦秸秆；(b)和(c)分别是 0.5%，和 2.0%的小麦秸秆溶液制备的气凝胶；(d)用于固定小麦秸秆气凝胶的玻璃片

11.5　小麦秸秆气凝胶的 TGA 分析

图 11-5 是原料小麦秸秆及由不同浓度的小麦秸秆溶液制备的气凝胶热重曲线。原料小麦秸秆的热分解温度为 275℃,由 0.5% 和 2% 的小麦秸秆溶液制备的气凝胶的热分解温度分别为 300℃ 和 301℃。这表明,相对于小麦秸秆原料,小麦秸秆气凝胶热稳定性更高。

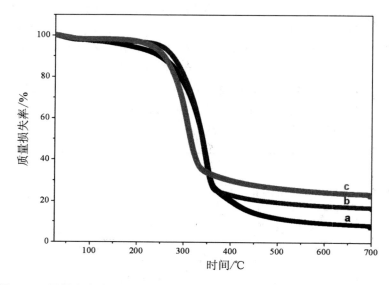

图 11-5　原料小麦秸秆与小麦秸秆气凝胶的热重分析曲线:(a)和(b)分别是
0.5%,和 2.0%的小麦秸秆溶液制备的气凝胶的热重分析曲线;(c)原料小
麦秸秆的热重分析曲线

11.6　结　　论

本章以小麦秸秆为原料、胆碱丁酸盐($[Ch][CH_3(CH_2)_2COO]$)离子液体为溶剂制得小麦秸秆气凝胶,研究了小麦秸秆溶液浓度对小麦秸秆气凝胶形貌结构的影响,并对由不同浓度的小麦秸秆溶液制得的气凝胶的化学结构、热稳定性及结晶状态进行表征与分析。小麦秸秆气凝胶具有蓬松多孔结构,多孔结构由随机取向的小麦秸秆壁构成,且小麦秸秆壁扭曲或破

裂。小麦秸秆气凝胶的形貌结构主要通过小麦秸秆的浓度进行调控。当小麦秸秆溶液浓度升高时,小麦秸秆气凝胶孔径随之变小,而孔壁增厚。与原料小麦秸秆,小麦秸秆气凝胶热稳定性更高。小麦秸秆气凝胶中小麦秸秆的晶体状态不同于原料小麦秸秆的晶体状态,原料小麦秸秆中的小麦秸秆为小麦秸秆 I 型,而气凝胶中的小麦秸秆为小麦秸秆 II 型。在小麦秸秆气凝胶制备过程中,小麦秸秆的化学结构几乎没有发生变化,而且小麦秸秆与溶剂没有发生化学反应。

参 考 文 献

[1] Ragauskas A J, Williams C K, Davison B H, et al. The path forward for biofuels and biomaterials [J]. Science, 2006, 311(5760): 484-489.

[2] Bilal M, Asgher M, Iqbal H M N, et al. Biotransformation of lignocellulosic materials into value-added products-A review [J]. International Journal of Biological Macromolecules, 2017, 98: 447-458.

[3] Gallegos A A, Ahmad Z, Asgher M, et al. Lignocellulose: A sustainable material to produce value-added products with a zero waste approach-A review [J]. International Journal of Biological Macromolecules, 2017, 99: 308-318.

[4] Kirk-Othmer Encyclopedia of Chemical Technology, John Wiley & Sons, New York, 4th edn., 1998, 25: 627.

[5] Lee Y C, Dutta S, Wu K C W. Integrated, cascading enzyme-/chemocatalytic cellulose conversion using catalysts based on mesoporous silica nanoparticles [J]. ChemSusChem, 2014, 7(12): 3241-3246.

[6] Dutta S, Wu K C W, Saha B. Emerging strategies for breaking the 3D amorphous network of lignin [J]. Catalysis Science & Technology, 2014, 4(11): 3785-3799.

[7] Carter J E, Wood utilization, Nova science publishers, 2007. New York, USA.

[8] Fort D A, Remsing R C, Swatloski R P, et al. Can ionic liquids dissolve wood? Processing and analysis of lignocellulosic materials with 1-n-butyl-3-methylimidazolium chloride [J]. Green Chemistry, 2007, 9(1): 63-69.

[9] Guo J, Tang Y, Xu Z. Wood plastic composite produced by non-metals from pulverized waste printed circuit boards [J]. Environmental Science & Technology, 2009, 44(1): 463-468.

[10] Pilon G, Lavoie J M. Pyrolysis of switchgrass (Panicum virgatum L.) at low temperatures within N_2 and CO_2 environments: Product yield study [J]. ACS Sustainable Chemistry & Engineering, 2013, 1(1): 198-204.

[11] Hirose T, Fujino T, Fan T, et al. Effect of carbonization temperature on the structural changes of woodceramics impregnated with liquefied wood [J]. Carbon, 2002, 40(5): 761-765.

[12] Dutta S, Bhaumik A, Wu K C W. Hierarchically porous carbon derived from polymers and biomass: effect of interconnected pores on energy applications [J]. Energy & Environmental Science, 2014, 7(11): 3574-3592.

[13] Trey S, Jafarzadeh S, Johansson M. In situ polymerization of polyaniline in wood veneers [J]. ACS Applied Materials & Interfaces. 2012, 4(3): 1760-1769.

[14] Huber G W, Iborra S, Corma A. Synthesis of transportation fuels from biomass: Chemistry, catalysts, and engineering [J]. Chemical Reviews, 2006, 106(9): 4044-4098.

[15] Dutta S, Wu K C W. Enzymatic breakdown of biomass: enzyme active sites, immobilization, and biofuel production [J]. Green Chemistry, 2014, 16(11): 4615-4626.

[16] Chen F F, Huang K, Zhou Y, et al. Multi-molar absorption of CO_2 by the activation of carboxylate groups in amino acid ionic liquids [J]. Angewandte Chemie International Edition, 2016, 55(25): 7166-7170.

[17] Tao D J, Chen F F, Tian Z Q, et al. Highly efficient carbon monoxide capture by carbanion-functionalized ionic liquids through c-site interactions [J]. Angewandte Chemie International Edition, 2017, 56 (24): 6843-6847.

[18] Tao D J, Cheng Z, Chen F F, et al. Synthesis and thermophysical properties of biocompatible cholinium-based amino acid ionic liquids [J]. Journal of Chemical and Engineering Data, 2013, 58(6): 1542-1548.

[19] Tao D J, Dong Y, Cao Z J, et al. Tuning the acidity of sulfonic functionalized ionic liquids for highly efficient and selective synthesis of

第 11 章　小麦秸秆气凝胶的制备与表征

terpene esters [J]. Journal of Industrial and Engineering Chemistry, 2016, 41: 122-129.

[20] Aaltonen O, Jauhiainen O. The preparation of lignocellulosic aerogels from ionic liquid solutions [J]. Carbohydrate Polymers, 2009, 75 (1): 125-129.

[21] Li J, Lu Y, Yang D, et al. Lignocellulose aerogel from wood-i-onic liquid solution (1-allyl-3-methylimidazolium chloride) under freezing and thawing conditions [J]. Biomacromolecules, 2011, 12 (5): 1860-1867.

[22] Lu Y, Sun Q F, Yang D J, et al. Fabrication of mesoporous lignocellulose aerogels from wood via cyclic liquid nitrogen freezing-tha-wing in ionic liquid solution [J]. Journal of Materials Chemistry, 2012, 22(27): 13548-13557.

[23] 卢芸, 李坚, 孙庆丰, 等. 木质纤维素气凝胶在离子液体中的制备及表征[J]. 科技导报, 2014, 32(Z1): 30-33.

[24] 金春德, 韩申杰, 王进, 等. 废报纸基纤维素气凝胶的绿色制备及其清理泄漏油污性能 [J]. 科技导报, 2014, 32(Z1): 40-44.

[25] Frade R F, Afonso C A. Impact of ionic liquids in environment and humans: An overview [J]. Human & Experimental Toxicology, 2010, 29(12): 1038-1054.

[26] Petkovic M, Seddon K R, Rebelo L P N, et al. Ionic liquids: A pathway to environmental acceptability [J]. Chemical Society Reviews, 2011, 40(3): 1383-1403.

[27] Boething R S, Sommer E, DiFiore D. Designing small mole-cules for biodegradability [J]. Chemical Reviews, 2007, 107 (6): 2207-2227.

[28] Hou X D, Xu J, Li N, et al. Effect of anion structures on cho-linium ionic liquids pretreatment of rice straw and the subsequent enzy-matic hydrolysis[J]. Biotechnology and Bioengineering, 2015, 112(1): 65-73.

[29] Petkovic M, Ferguson J L, Gunaratne H Q N, et al. Novel bio-compatible cholinium-based ionic liquids-toxicity and biodegradability [J]. Green Chemistry, 2010, 12(4): 643-649.

[30] Ghaffar S H, Fan M. Revealing the morphology and chemical distribution of nodes in wheat straw [J]. Biomass Bioenergy, 2015, 77:

— 187 —

123-134.

[31] Chen H M, Zhao J, Hu T H, et al. A comparison of several or-ganosolv pretreatments for improving the enzymatic hydrolysis of wheat straw: Substrate digestibility, fermentability and structural features [J]. Applied Energy, 2015, 150: 224-232.

[32] Li X D, Li Q, Su Y, et al. A novel wheat straw cellulose-based semi-IPNs super absorbent with integration of water-retaining and con-troled release fertilizers [J]. Journal of the Taiwan Institute of Chemical Engineers, 2015, 55: 170-179.

[33] Xu F, Yu J M, Tesso T, et al. Qualitative and quantitative a-nalysis of lignocellulosic biomass using infrared techniques: A mini-review [J]. Applied Energy, 2013, 104: 801-809.

[34] Xiao B, Sun X F, Sun R C. Chemical, structural, and thermal characterizations of alkali-soluble lignins and hemicelluloses, and cellulose from maize stems, rye straw, and rice straw [J]. Polymer Degradation and Stability, 2001, 74(2): 307-319.

[35] Yang Q, Wu S B, Lou R, et al. Structural characterization of lignin from wheat straw [J]. Wood Science and Technology, 2011, 45: 419-431.

[36] Sills D L, Gossett J M. Using FTIR to Predict Saccharification from enzymatic hydrolysis of alkali-pretreated biomasses [J]. Biotechnol-ogy and Bioengineering, 2012, 109(2): 353-362.

[37] Schwanninger M, Rodrigues J C, Pereira H, et al. Effects of short-time vibratory ball milling on the shape of FT-IR spectra of wood and cellulose [J]. Vibrational Spectroscopy, 2004, 36(1): 23-40.

[38] Bekiaris G, Lindedam J, Peltre C, et al. Rapid estimation of sugar release from winter wheat straw during bioethanol production using FTIR-pho-toacoustic spectroscopy [J]. Biotechnology for Biofuels, 2015, 8(1): 85.

[39] Zhong C, Wang C M, Huang F, et al. Wheat straw cellulose dissolution and isolation by tetra-n-butylammonium hydroxide [J]. Carbo-hydrate Polymers, 2013, 94(1): 38-45.

[40] Fengel D, Ideas on the ultrastructural organization of the cell wall components [J]. Journal of Polymer Science Part C: Polymer Sympo-sia, 1971, 36(1): 383-392.

[41] Zimmermann T, Pohler E, Geiger T. Cellulose fibrils for poly-

mer reinforcement [J]. Advanced Engineering Materials，2004，6（9）：754-761.

[42] Xu F，Shi Y C，Wang D H. X-ray scattering studies of lignocellulosic biomass: A review [J]. Carbohydrate Polymers，2013，94（2）：904-917.

[43] Sun F F，Wang L，Hong J，et al. The impact of glycerol organosolv pretreatment on the chemistry and enzymatic hydrolyzability of wheat straw [J]. Bioresource Technology，2015，187：354-361.

[44] Liu R G，Yu H，Huang Y. Structure and morphology of cellulose in wheat straw [J]. Cellulose，2005，12(1)：25-34.

第 12 章　纤维素气凝胶的制备与表征

气凝胶(aerogel)顾名思义就是物质经过溶解形成凝胶,凝胶经过临界干燥脱去水分得到的空间网状结构的物质,外表类似固体,整体呈现干燥的泡沫状,也称为干凝胶。

气凝胶是一种超轻多孔,具有纳米结构的材料,孔隙度高,密度低,结构呈泡沫状[1]。气凝胶最早发现于 1930 年,Kistler 首先制得[2-3]。在当时气凝胶的制备过程繁琐复杂,产品价格昂贵,并且有很多缺点,因而没有得到科研工作者们的重视。后来,出现了超临界 CO_2 干燥法和冷冻干燥法,这种方法干燥时不会破环凝胶的结构和孔隙度从而使得到的气凝胶结构完整,气凝胶的连续三维纳米网络结构赋予这种材料很多优异性能,例如较好的隔热性能、质轻、比表面积高、绝缘性能好、低光折射率等[4]。气凝胶的这些优异性能使这种材料拥有广阔的应用及发展前景。

纤维素是一种天然环保型绿色高分子,由于分子内含有较多的氢键,因而对于溶解纤维素的溶剂是一个重要的研究方向[5]。另外,近年来,无毒溶剂——离子液体不断发展,它在功能材料方面有很多未被发掘的可能性,微晶棒状纤维素因其纳米尺寸更有很多特殊性,因而微晶纤维素和离子液体在结合产物方面有广阔的研究空间。

纤维素气凝胶(Aerocellulose)是一种超轻多孔纤维素材料,另外由于孔径结构小也是一种纳米材料,在气凝胶的发展上属于第三代气凝胶[6],这种超轻多孔纤维素材料,是通过纤维素完全溶解在一种溶剂中,经过水浴或者乙醇溶液中再生,冷冻干燥得到的。纤维素气凝胶在性能上结合纤维素和气凝胶二者的性能,绿色环保,无毒,可再生,并且超轻,空隙率大,韧性好,易加工成型。纤维素气凝胶这个名词最早出现在在 2008 年,Guilminot 等人[7]对于碳化纤维素气凝胶(把碳沉积到纤维素气凝胶上,并插入 Pt 赋予它良好的导电性能)的研究。由于它的绿色环保,Guilminot 等把它应用在绿色燃料电池里质子交换膜的支撑材料。纤维素气凝胶是一种非常有应用前景的新材料,从生物医药、化妆品到绝缘电化学。

纤维素气凝胶的制备方法目前有两种。一种来源于气凝胶的制备方法,纤维素直接溶解在一种溶剂中(例如 *N*-甲基吗啉-*N*-氧化物(NMMO)、

硫氰化钙水合物 $Ca(SCN)_2 \cdot 4H_2O$[8]、8%NaOH 水溶液[9]、氯化锂/N,N-二甲基乙酰胺(LiCl/DMAc)溶剂体系[10]、硫代硫酸钙[11]、离子液体[12]),然后在水或者乙醇(非溶剂)中进行再生浴,再通过冷冻干燥或者超临界 CO_2 进行干燥防止气孔收缩塌陷。上面这些制备方法有一个共同特点,就是都是通过无化学交联来稳定构成纤维素网状结构的。纤维素再生是通过溶液或物理凝胶形成的。通过这些过程得到的是纤维素Ⅱ型气凝胶材料,孔径分布宽,从几十纳米到几个微米,并且有非常高的比表面积。纤维素气凝胶的密度取决于溶液中纤维素的初始浓度和干燥时的不同操作。此外,添加发泡剂可以增加纤维素气凝胶的孔隙度[9]。另一种纤维素气凝胶的制备方法可以称作水相分散法[6],选用的是纳米纤维素纤维,通过对原生纤维素进行降解或酶处理得到细菌纤维素或者微纤化纤维素[13,14]。起始物料都是浸满水的纤维素Ⅰ型纳米网状纤维,干燥时同样用冷冻干燥法和超临界 CO_2 干燥。得到材料是纤维素Ⅰ型纳米网络状纤维,相比于Ⅱ型具有较高的孔隙率和较低的密度,因为纤维素的初始浓度较低并且干燥期间不存在收缩(纤维素具有较高的骨架结晶度和较高的分子量)。

　　理论上来说,纤维素气凝胶可以通过任何纤维素溶液来制备。目前,科研工作者已经发现很多纤维素溶剂,但很多溶剂要么是有毒的,要么是有应用上的缺陷。例如,(7%～9%)NaOH-水-尿素(或硫脲)的混合物,不能溶解高分子量高浓度的纤维素[15]。用离子液体处理纤维素的优势是处理过程中不会衍生过多的步骤,溶解过程简单,并且离子液体具有较高的稳定性,对环境友好,可以直接用作纤维素溶剂[16]。因而,科研工作者尝试用离子液体溶解纤维素制备纤维素气凝胶。

　　本章是采用更为绿色/清洁的程序制备纤维素气凝胶:绿色原料—清洁制备过程—绿色气凝胶产品。绿色原料是来源丰富、价格廉价、可生物降解、无毒的纤维素生物质。因原料绿色环保,产品自然也绿色环保。清洁制备程序包括:将纤维素溶于胆碱丁酸盐;冷冻纤维素/胆碱丁酸盐溶液;在蒸馏水中解冻并反复洗涤纤维素凝胶除去胆碱丁酸盐;冷冻干燥水凝胶得到纤维素气凝胶。而且,在此制备程序中,胆碱丁酸盐可回收循环使用,胆碱丁酸盐低毒且可生物降解,对环境几乎没有污染[20]。采用扫描电镜(SEM)、X 射线衍射(XRD)、傅里叶转换红外光谱(FT-IR)和热重分析(TGA)分析技术对纤维素气凝胶产品的形貌、结构和热稳定性进行研究。

12.1 实验部分

12.1.1 实验试剂及材料

主要实验试剂及材料见表 12-1。

表 12-1 主要实验试剂及材料

名称	纯度	生产厂家
胆碱	46% w/w 水溶液	Alfa Aesar 公司
正丁酸	分析纯	天津市科密欧化学试剂有限公司
无水乙醇	分析纯	天津市德恩化学试剂有限公司
氮气	高纯氮	洛阳华普气体科技有限公司
五氧化二磷	98%	天津市恒兴化学试剂制造有限公司
微晶纤维素		Alfa Aesar 阿法埃莎(天津)化学有限公司

12.1.2 实验仪器

主要实验仪器见表 12-2。

表 12-2 主要实验仪器

名称	型号	生产厂家
真空干燥箱	DFZ-6020	上海精宏实验设备有限公司
鼓风干燥箱	DHG9076A	上海精宏实验设备有限公司
电子天平	FA2004N	上海菁海仪器有限公司
磁力搅拌器	98-2	上海司乐仪器有限公司
偏光显微镜	XPT-7	南京江南永新光学有限公司
集热式恒温磁力搅拌器	DF-101S	巩义予华仪器有限责任公司

名称	型号	生产厂家
水循环多用真空泵	SHZ-D	巩义予华仪器有限责任公司
旋转蒸发器	RE-52AA	上海亚荣生化仪器厂
旋片真空泵	2XZ-2	浙江黄岩宁溪医疗器械有限公司
冷冻干燥机	LGJ-10	河南兄弟仪器设备有限公司
扫描电镜	JSM-5610LV	日本电子公司
X 射线衍射仪	D8 Advanced	德国 Bruker AXS
综合热分析仪	NETZSCH STA449C	德国 Netzsch 公司
傅里叶转换红外光谱仪	Nicolet Nexus	美国 Nicole 公司

12.1.3 离子液体胆碱丁酸盐的合成

首先用等摩尔量的胆碱氢氧化物水溶液与正丁酸进行酸碱中和反应，达到反应终点后,用活性炭处理胆碱丁酸盐溶液 2～3 次,以除去溶液中可能的杂质。再用旋蒸去掉溶液中的大部分水,得到粘稠的([Ch][CH_3(CH_2)$_2$COO])离子液体。然后将胆碱丁酸盐([Ch][CH_3(CH_2)$_2$COO])倒入瓷蒸发皿中,放置在真空干燥箱中,以 P_2O_5 为干燥剂,干燥温度为 55℃,最后得到纯净的无水胆碱丁酸盐([Ch][CH_3(CH_2)$_2$COO])。每次实验前必须将胆碱丁酸盐干燥彻底,不能含有水分。

12.1.4 纤维素气凝胶的制备

将干燥后的纤维素秆粉末和胆碱丁酸盐([Ch][CH_3(CH_2)$_2$COO])在比色管中混合后充入 N_2 保护,密封,再放入油浴锅内,在 100℃油浴加热环境下溶解,得到均一的溶液,放入冰箱于 -20℃冷冻 24 h 后,加蒸馏水于比色管中进行凝胶化,重复用水洗,直至去除胆碱丁酸盐离子液体,得到纤维素水凝胶。将此水凝胶于 -20℃冷冻 10 h 后,放入冷冻干燥机冷冻干燥,制得干燥的纤维素气凝胶,如图 12-1 所示。纤维素秆溶液的质量百分比浓度分别为 0.5%、1% 和 2%。

图 12-1   由 0.5%、1%和 2%纤维素溶液制备的纤维素气凝胶的图

12.1.5   纤维素气凝胶的表征

所制备样品的内部微观形貌利用扫描电子显微镜（SEM）观察。将样品膜在液氮中冷冻并脆断,用导电胶带粘贴到载物台上,在断口上喷金,对其断口进行扫描电镜观察并拍照记录。

红外光谱技术是化合物分子结构鉴定的重要手段之一。用傅里叶变换红外光谱(FT-IR)仪来对样品进行表征。FT-IR 的分辨率为 4 cm^{-1},扫描次数为 16 次。波数范围选为 $4000\sim500\ cm^{-1}$,选用 KBr 压片法。

实验中选取大小合适,表面平整的样品膜,平整均匀地放在载物台中央。使用 Bruker D8 型 X 射线衍射仪进行 XRD 的表征。衍射角度 2θ 范围为 $4°\sim60°$。

采用综合热分析仪进行热重的表征与分析。将大约 10 mg 的样品放在铝制坩埚中,再放入内置天平上,等到天平稳定后从室温开始,以 10℃ /min 的速率逐渐升温到 700℃,全程用 N_2 保护。以空失重曲线为基准,记录所测样品的失重曲线。

12.2   纤维素气凝胶的形貌结构

根据气凝胶观察及图 12-2,纤维素气凝胶具有蓬松多孔结构,多孔结构由随机取向的纤维素壁构成,且纤维素壁扭曲或破裂。纤维素气凝胶形成的可能机理是,在准备气凝胶过程中,纤维素溶液冷却,胆碱丁酸盐溶剂逐渐固化,纤维素被挤出并形成纤维素壁。同时,纤维素壁之间互相牵制,导致纤维素壁扭曲变形并随机构成多孔结构。此外还发现,浓度对气凝胶的形貌影响较大。当纤维素浓度较低时,制得的气凝胶三维多孔结构比较松散,孔径为微米级,孔壁较薄。而当玉米芯浓度升高时,孔的大小随之变小,而孔壁厚度增加,气凝胶结构更致密。

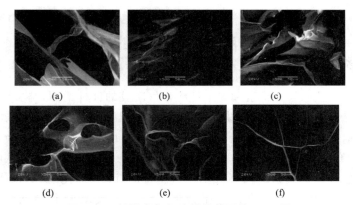

图 12-2　纤维素气凝胶样品截面的 SEM 图
（a）、（b）、（c）分别由 0.5%、1%、2%纤维素溶液制备纤维素气凝胶样品表面的
SEM 图：（d）、（e）、（f）分别由 0.5%、1%、2%纤维素溶液制备

12.3　纤维素气凝胶的 XRD 分析

从图 12-3 中可以看出纤维素是纤维素 I 型，特征衍射峰为 15.2°、16.4°、22.5°、34.6°[21]。纤维素气凝胶的特征衍射峰出现在 $2\theta = 20.3°$、21.2°[22]，表现为纤维素 II 型。这说明纤维素经溶解、冷冻、解冻、洗涤及冷冻干燥后，晶体结构发生了变化，由纤维素 I 型转变成纤维素 II 型。

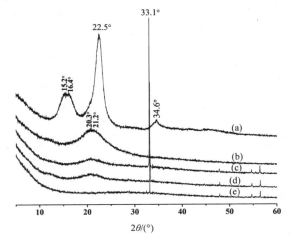

图 12-3　原料纤维素和纤维素气凝胶的 XRD 图
（a）原料纤维素；（b）～（d）分别为由 1.0%，0.5%和 2.0%的纤维素溶液制备
的纤维素气凝胶；（e）用于固定纤维素气凝胶的玻璃片

12.4 纤维素气凝胶的 IR 分析

图 12-4 是原料纤维素和 3 个纤维素气凝胶的红外谱图，与文献报道的相似[23-27]。可以看出，这些图谱非常相似，并且在纤维素气凝胶谱图没有新峰出现，这说明在气凝胶制备过程中，无化学反应发生。3354 cm^{-1} 是原料纤维素 OH 伸缩振动的吸收峰，3450 cm^{-1} 是纤维素气凝胶的 OH 伸缩振动的吸收峰，向高频区位移，这表明，制得的纤维素气凝胶中官能团 OH 并没有消失，但是氢键缔合作用减弱。纤维素气凝胶和原料纤维素在 1426cm^{-1} 附近均出现亚甲基的剪切振动，在 1165 cm^{-1} 和 1060 cm^{-1} 处均出现 C-O-C 的伸缩振动吸收峰，区别不大，说明该官能团并没有随着纤维素的制备过程而消失，同时这说明，与原料纤维素相比，纤维素气凝胶的化学结构几乎无变化。

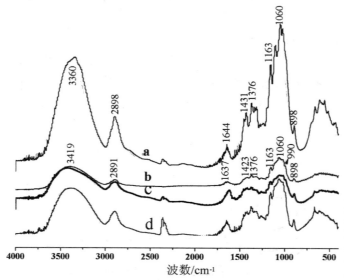

图 12-4 原料纤维素和纤维素气凝胶的 IR 图

(a)～(c)分别为由 0.5%，1.0% 和 2.0% 的纤维素溶液制备的纤维素气凝胶

12.5　纤维素气凝胶的 TGA 分析

图 12-5 给出了原生纤维素和再生纤维素的热重分析曲线。可以看出，纤维素气凝胶的热重分析 TGA 曲线几乎重合，纤维素气凝胶的热分解温度略低于原料纤维素热分解温度。原料纤维素热分解温度为 295℃，纤维素气凝胶的热分解温度为 260℃。这表明，由此方法制备的纤维素气凝胶仍具有很好的热稳定性。

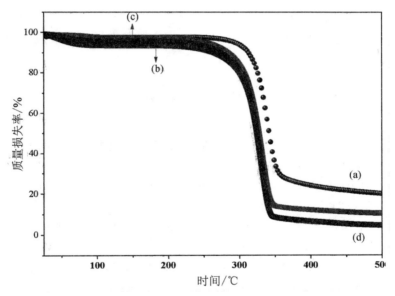

图 12-5　原料纤维素与纤维素气凝胶的热重分析曲线
(a)原生纤维素；(b)~(d)分别由 0.5％，1.0％和 2.0％的纤维素溶液
制备的纤维素气凝胶

12.6　结论

本章以纤维素为原料、胆碱丁酸盐（[Ch][CH₃(CH₂)₂COO]）离子液体为溶剂制得纤维素气凝胶，研究了纤维素溶液浓度对气凝胶形貌结构的影响，并对由不同浓度的纤维素溶液制备的气凝胶的化学结构、热稳定性及结晶状态进行表征与分析，主要结论如下：

（1）纤维素气凝胶具有蓬松多孔结构，多孔结构由随机取向的纤维素壁构成，且纤维素壁扭曲或破裂。纤维素气凝胶的形貌结构主要通过纤维素的浓度进行调控。当纤维素溶液浓度升高时，纤维素气凝胶孔径随之变小，而孔壁增厚。

（2）热重分析结果表明，纤维素气凝胶的热分解温度（260℃）略低于原料纤维素的热分解温度（295℃），这说明纤维素气凝胶仍具有很好热稳定性。

（3）XRD分析结果表明，纤维素气凝胶中纤维素的晶体状态不同于原料纤维素的晶体状态，原料纤维素中的纤维素为纤维素Ⅰ型，而纤维素气凝胶中的纤维素变为纤维素Ⅱ型。

（4）红外谱图分析结果表明，在纤维素气凝胶制备过程中，纤维素的化学结构几乎没有发生变化，而且纤维素与溶剂没有发生化学反应。

参 考 文 献

[1] 张金明，张军. 基于纤维素的先进功能材料 [J]. 高分子学报，2010(12)：1376-1398.

[2] Kistler S S. Coherent expanded aerogels and jellies [J]. Nature，1931，127(3211)：741-741.

[3] Kistler S S. Coherent expanded aerogels [J]. The Journal of Physical Chemistry，1932，36(1)：52-64.

[4] Shlyakhtina A V, Oh Y J. Transparent SiO_2 aeogels prepared by ambient pressure drying with ternary azeotropes as components of pore fluid [J]. Journal of Non-Crystalline Solids，2008，354(15 — 16)：1633-1642.

[5] Klemm D, Heublein B, Fink H P, et al. Cellulose：fascinating biopolymer and sustainable raw material [J]. Angewandte Chemie International Edition，2005，44(36)：3358-3393.

[6] 马书荣，米勤勇，余 坚，等. 基于纤维素的气凝胶材料[J]. 化学进展，2014，26(5)：796-809.

[7] Guiminot E, Gavillon R, Chatantet M, et al. New nanostructured carbons based on porous cellulose：Elaboration, pyrolysis and use as platinum nanoparticles substrate for oxygen reduction electrocatalysis [J]. Journal of Power Soures，2008，185(2)：717-726.

[8] Innerlohinger J, Weber H K, Kraft G. Aerocellulose: Aerogels and aerogel-like materials made from cellulose [J]. Macromolecular Symposia, 2006, 244(1): 126-130.

[9] Gavillon R, Budtova T. Aerocellulose: New highly porous cellulose prepared from cellulose-NaOH aqueous solutions [J]. Biomacromolecules, 2008, 9(1): 269-277.

[10] Duchemin B J C, Staiger M P, Ticker N, et al. Aerocellulose based on all-cellulose composites [J]. Journal of Applied Polymer Science, 2010, 115(1): 216-221.

[11] Jin H, Nishiyama T, Wada M, et al. Nanofibrillar cellulose aerogels [J]. Colloids and Surfaces A: Physicochemical Engineering Aspects, 2004, 240(1): 63-67.

[12] Aaltonen O, Jauhiainen O. The preparation of lignocellulosic aerogels from ionic liquid solutions [J]. Carbohydrate Polymers, 2009, 75 (1): 125-129.

[13] Paakko M, Vapaavuori J, Silvennoinen R, et al. Long and entangled native cellulose I nanofibers allow flexile aerogels and hierarchically porous templates for functionalities [J]. Soft Matter, 2008, 4(12): 2492-2499.

[14] Liebner F, Haimer E, Wendland M, et al. Aerogels from unaltered bacterial cellulose: Application of CO_2 drying for the preparation of shaped, ultra-lightweight cellulosic aerogels [J]. Macromolecular Bioscience, 2010, 10(4): 349-352.

[15] Egal M, Budtova T, Navard P. Structure of aqueous solutions of microcrystalline cellulose/sodium hydroxide below 0℃ and the limit of cellulose dissolution [J]. Biomacromolecules, 2007, 8(7): 2282-2287.

[16] Swatloski R P, Spear S K, Holbrey J D, et al. Dissolution of cellulose with ionic liquids [J]. Journal of the American Chemical Society, 2002, 124(18): 4974-4975.

[17] Sescousse R, Gavillon R, Budtova T. Aerocellulose from cellulose-ionic liquid solutions: Preparation, properties and comparison with cellulose-NaOH and cellulose-NMMO routes [J]. Carbohydrate Polymers, 2011, 83(4): 1766-1774.

[18] Gavillon R, Budtova T. Aerocellulose: New highly porous cellulose prepared from cellulose-NaOH aqueous solutions [J]. Biomacro-

molecules, 2008, 9(1): 269-277.

[19] M Deng, Q Zhou, A Du, et al. Preparation of nanoporous cellulose foams from cellulose-ionic liquid solutions [J]. Materials Letters, 2009, 63(21): 1851-1854.

[20] Hou X D, Xu J, Li N, et al. Effect of anion structures on cholinium ionic liquids pretreatment of rice straw and the subsequent enzymatic hydrolysis [J]. Biotechnology and Bioengineering, 2015, 112(1): 65-73.

[21] Oh S Y, Yoo D I, Shin Y, et al. Crystalline structure analysis of cellulose treated with sodium hydroxide and carbon dioxide by means of X-ray diffraction and FTIR spectroscopy [J]. Carbohydrate Research, 2005, 340(15): 2376-2391.

[22] Cao Y, Wu J, Zhang J, et al. Room temperature ionic liquids (RTILs): a new and versatile platform for cellulose processing and derivatization [J]. Chemical Engineering Journal, 2009, 147(1): 13-21.

[23] Zhang L N, Ruan D, Zhou J P. Structure and properties of regenerated cellulose films prepared from cotton linters in NaOH/urea aqueous solution [J]. Industrial & Engineering Chemistry Research, 2001, 40(25): 5923-5928.

[24] Higgins H G, Stewart C M, Harrington K J. Infrared spectra of cellulose and related polysaccharides [J]. Journal of Polymer Science, 1961, 51: 59-84.

[25] Kataoka Y, Kondo T. FT-IR microscopic analysis of changing cellulose crystalline structure during wood cell wall formation [J]. Macromolecules, 1998, 31(3): 760-764.

[26] Zhou S M, Tashiro K, Hongo T, et al. Influence of water on structure and mechanical properties of regenerated cellulose studied by an organized combination of infrared spectra, X-ray diffraction, and dynamic viscoelastic data measured as functions of temperature and humidity [J]. Macromolecules, 2001, 34(5): 1274-1280.

[27] Qu L J, Zhang Y, Wang J Q, et al. Properties of new natural fibers: eulaliopsis binata fibers[J]. QingDao Univ, 2008, 23, 44-47.